TINTA
DA
CHINA
| brasil |

Marcelo Viana

Histórias da matemática

Da contagem nos dedos
à inteligência artificial

SÃO PAULO
TINTA-DA-CHINA BRASIL
MMXXIV

Século XVII

Século XVIII

Século XIX

Século XX

PREÂMBULO

Vidas e nações moldadas pela matemática

O avanço e a perfeição da matemática estão intimamente ligados à prosperidade do Estado.

Napoleão Bonaparte, 1812

Na noite de 29 de maio de 1832, Évariste Galois (1811-32) não pregou o olho. Aos vinte anos, o idealista republicano francês estava numa grande encrenca: acabara de ser desafiado para um duelo de pistola. Assunto de saias, a honra não permitia a recusa. Temendo ser morto, como veio de fato a acontecer, o que o jovem faz em sua última noite? Passa as horas escrevendo seus trabalhos matemáticos numa carta a um amigo, a quem suplica que não deixe suas ideias caírem no esquecimento.

Galois havia resolvido um problema cujas origens remontam à Mesopotâmia e ao Egito Antigo, há mais de 4 mil anos: que equações polinomiais, de qualquer grau, podem ser resolvidas por meio de uma equação de tipo "Bhaskara"? A teoria matemática que ele desenvolveu para responder a essa pergunta é uma das mais belas realizações do pensamento, digna de figurar ao lado do Parthenon, da Capela Sistina, d'*Os lusíadas* e de outras maravilhas. Como pode o bicho-papão das salas de aula, temor de tantos, despertar tal paixão? Alguns diriam que Galois era um gênio. É isso? Matemática é para gênios?

Então o que dizer dos milhões de jovens brasileiros que, em todo o território nacional e com o mesmo brilho no olhar que podemos adivinhar em Galois, participam empolgados de olimpíadas de conhecimento como a Olimpíada Brasileira de Matemática das Escolas Públicas (OBMEP)? A OBMEP é organizada pelo Instituto de Matemática Pura e Aplicada (Impa) desde 2005 e todo ano premia dezenas de milhares de jovens de todo o Brasil. Seriam todos gênios?

Nascida em 1996, em um lar humilde em Caraguatatuba (SP), Karen Carvalho ganhou medalha de bronze na primeira edição da OBMEP. A premiação a fez refletir: "Percebi que não se trata de fazer contas, mas de pensar e resolver problemas de forma intuitiva. Descobri como é legal estudar além da sala de aula". Primeira pessoa da família a ingressar na universidade, hoje Karen é formada em matemática computacional.

A vida do goiano Jean Carlos de Aguiar Lelis, de 1992, que foi criado pelos tios-avôs, começou como a de milhões de brasileiros que nascem na pobreza. A diferença é que no caso dele a matemática fez a diferença. "Não sei dizer quanto tempo levou até o dia que mudou minha vida. No caminho para a sala de aula no colégio tinha uma faixa com meu nome. Eu tinha ganhado medalha de prata da OBMEP! Eu não esperava, tive que olhar a lista dos ganhadores no site várias vezes para acreditar. Tudo mudou." Hoje, Jean é doutor em matemática e professor universitário.

A carioca Alessandra Yoko, de 1996, sempre gostou de matemática, mas o fascínio aumentou à medida que a disciplina se tornou mais desafiadora. "A sensação de crescimento e de conquista ao estudá-la foi o que mais me motivou." O gosto pela ciência tornou-se um instrumento de empoderamento pessoal: "A matemática sempre me mostrou que eu poderia chegar cada vez mais longe. E assim foi", afirma a engenheira de controle e automação.

De outras formas, minha vida também foi profundamente moldada pela matemática. Tive a felicidade de sempre ter tido excelentes professores na disciplina. Também por isso, quando minha mãe me perguntou o que eu queria fazer na vida, não hesitei: "Quero ser professor de matemática. Na universidade!".

Dona Isaura, que também foi minha professora dos anos iniciais, ficou impressionada com a determinação do filho de quinze anos, embora eu não soubesse realmente muito bem o que estava dizendo. Mas, à medida que fui aprendendo, nunca surgiu uma ocasião para me arrepender.

Anos depois, recém-formado pela Universidade do Porto, em 1985 fiz minha primeira viagem a trabalho como pesquisador a Paris, para visitar o matemático Adrien Douady (1935-2006), da famosa École Normale Supérieure (ENS).

Na chegada, a polícia exigiu meu visto: na época brasileiros precisavam de visto, mas ninguém tinha me dito isso. Filho de portugueses, nascido no Brasil, eu vivia desde os três meses de idade em Portugal — sentia-me português. Percebi algo errado quando uma funcionária da imigração consultou o colega, baixinho: "Será que ele é perigoso?".

Na polícia, tomei coragem para perguntar o que estava havendo. "A França é uma mãe, aceita qualquer m..., mas há limites, *monsieur*", foi a resposta, esclarecedora. Retido no aeroporto, fiquei amigo de um traficante de maconha do Marrocos, igualmente retido. Quando a polícia veio para me expulsar, o marroquino intercedeu: "Deixa o garoto, ele é gente boa, não fez nada errado!". Foi o pior momento.

Aterrissei em Portugal determinado a regressar à França. Comprei outra passagem, do meu bolso, solicitei visto no consulado francês e alguns dias depois estava lá de volta. Dessa vez deu certo, e passei uma semana aprendendo matemática e conhecendo Paris. Isso fez tudo valer a pena.

Douady me propôs dois problemas para trabalhar. Nos meses seguintes, resolvi um deles (tanto quanto sei, o outro continua sem solução até hoje). Meu orientador de graduação sugeriu que fizesse uma palestra sobre esse trabalho numa conferência na Universidade de Coimbra.

Inscrição de última hora, a palestra ficou para sexta-feira, às oito da noite. Respirei aliviado: nesse horário, certamente ninguém iria! Mas o astro da conferência, o matemático Jacob Palis, do renomado Impa do Rio de Janeiro, decidiu assistir. O interesse dele atraiu outros, e na hora a sala estava cheia! Nunca fiquei tão nervoso como naquele dia.

No final, Jacob me propôs fazer o doutorado no Impa. Alguns meses depois, eu estava aqui. Boa parte do que aconteceu nas quase quatro décadas seguintes pode ter sido mera consequência.

Se são muitos os apaixonados por matemática, também não faltam aqueles, jovens e adultos, a quem ela causa desinteresse, desconforto ou até ansiedade. Qual é a diferença?

Antes de mais nada, não se trata de uma questão genética. Ao contrário do que muita gente acredita, não nascemos "de exatas" ou "de humanas". Progressos na neurologia mostram que o cérebro humano é uma estrutura extremamente plástica, que pode ser moldada de forma profunda. Seu estado à nascença importa muito menos do que o modo como o cérebro é reorganizado ao longo de nossa infância e juventude por meio da aprendizagem.

Uma experiência educacional feliz produz as conexões sinápticas que formam um cérebro "inteligente". Já uma experiência escolar inadequada ou traumática gera ansiedade matemática, distúrbio psicológico muito comum, que "trava" qualquer tentativa de raciocínio matemático.

Essa definição começa bem antes da idade escolar, dentro da própria família, e é consolidada nos anos iniciais da educação formal. Estudos mostraram que o percentual de crianças que gostam de matemática decresce continuamente com a idade: perto de 100% no início da educação infantil, cai para a metade após os cinco anos iniciais do ensino fundamental e atinge níveis desastrosos no ensino médio. O problema afeta quase todos os países, e é mais grave no Brasil, que soma profundas deficiências do sistema educacional a diversas formas de injustiça social.

Não se trata de uma questão meramente educacional: o domínio das ideias e operações básicas da matemática é, mais do que nunca, uma condição necessária para a plena soberania, no mesmo patamar da alfabetização na língua materna. Além disso, a proficiência matemática de um país tem repercussões diretas em sua prosperidade.

Um estudo da principal agência de pesquisa em ciências e engenharia do Reino Unido, o Conselho de Pesquisa em Engenharia e Ciências Físicas (EPSRC, Engineering and Physical Sciences Research Council), concluiu que as atividades ligadas à matemática contribuem para a economia do país com 2,8 milhões de empregos (10% do total) e 208 bilhões de libras (16% do PIB, o Produto Interno Bruto). Outros países avançados obtiveram resultados similares. Essa riqueza é produzida por milhares de profissionais bem formados, para quem a matemática não é um problema, e sim um instrumento para resolver problemas. O bom ensino de matemática é um ótimo negócio!

No Brasil, um estudo análogo foi realizado pelo Itaú Social e divulgado em fevereiro de 2024. Não chega a ser uma surpresa que os nossos números sejam mais modestos: 7,8% dos empregos são ligados à matemática, e eles geram 4,6% do PIB brasileiro (440 bilhões de reais/ano). No entanto, compartilhamos com os países mais avançados o fato de os empregos ligados à matemática pagarem melhores salários — o dobro da média nacional — e serem mais resilientes em períodos de crise.

Acredito que nos nossos dias o grau de participação da matemática na economia é uma boa medida do desenvolvimento de cada país. Então, esse estudo delineia o caminho que temos a percorrer para alcançar as economias mais desenvolvidas. Acima de tudo, ele aponta que estamos perante uma *oportunidade*: avançar dos atuais 4,6% para os 16% britânicos significará adicionar mais de 1 trilhão de reais ao total da riqueza produzida no Brasil. Por ano!

Para tirar proveito dessa oportunidade, precisamos investir em nossos pontos fortes. Apesar de todas as deficiências do sistema educacional, o Brasil foi capaz de desenvolver uma matemática do mais alto padrão internacional e de produzir um vencedor da medalha Fields, o prêmio mais importante da área: é motivo de orgulho Artur Avila, nascido em 1979, ter sido o primeiro laureado que realizou toda a sua educação em um país em desenvolvimento, o nosso.

Hoje, instituições em todas as regiões do Brasil realizam pesquisa matemática de padrão internacional. Em 2018, sediamos no Rio de Janeiro o Congresso Internacional de Matemáticos, evento mais importante da área, que remonta ao século XIX e nunca fora realizado no hemisfério sul. Nesse mesmo ano fomos alçados ao grupo de elite (grupo 5) da União Matemática Internacional, formado pelos países mais avançados na área.

Urge agora transferir essa considerável expertise para a economia e para a sociedade como um todo. Tornar a matemática cada vez mais acessível a todos e investir na formação de jovens talentosos e realizadores. O republicano Galois concordaria, claro.

As histórias deste livro se baseiam nas colunas que venho escrevendo na *Folha de S.Paulo* desde março de 2017. Sou grato ao Raphael Gomide pela sugestão para que eu me tornasse colunista e por seus esforços para que isso acontecesse.

O exercício semanal de buscar um tema adequado, pesquisá-lo em detalhe e, finalmente, escrever o texto fez com que eu passasse a conhecer muito melhor minha própria disciplina, sua história, seus heróis e heroínas e suas inúmeras conexões. Isso não tem preço. Ao longo dos anos, vários colegas e leitores me sugeriram temas. Alguns deles são mencionados nestas páginas. A todos vai meu agradecimento.

Sou grato à *Folha de S.Paulo* pelo espaço que, de longa data, abre à divulgação científica, tão necessária e de que o Brasil é tão carente.

Agradeço também ao Paulo Werneck a sugestão gentilmente insistente para que eu publicasse esta coletânea com a Tinta-da-China Brasil, e à Mariana Delfini e ao Paulo Werneck o primoroso trabalho de edição. Definimos o conteúdo da coletânea a partir de uma seleção de textos que, em alguns casos, foram fundidos pela aproximação dos temas. Eles aparecem aqui em ordem essencialmente cronológica, da Antiguidade remota até os nossos dias, e em alguns casos incluí explicações adicionais e ilustrações para tornar as ideias matemáticas acessíveis ao leitor não especializado. Alguns textos incluem perguntas e desafios matemáticos: são convites a que o leitor se divirta resolvendo (não dou as soluções para não estragar a diversão!).

Espero que desfrutem da leitura destas histórias. E que concordem comigo que a matemática é uma delícia!

Marcelo Viana
Rio de Janeiro, março de 2024

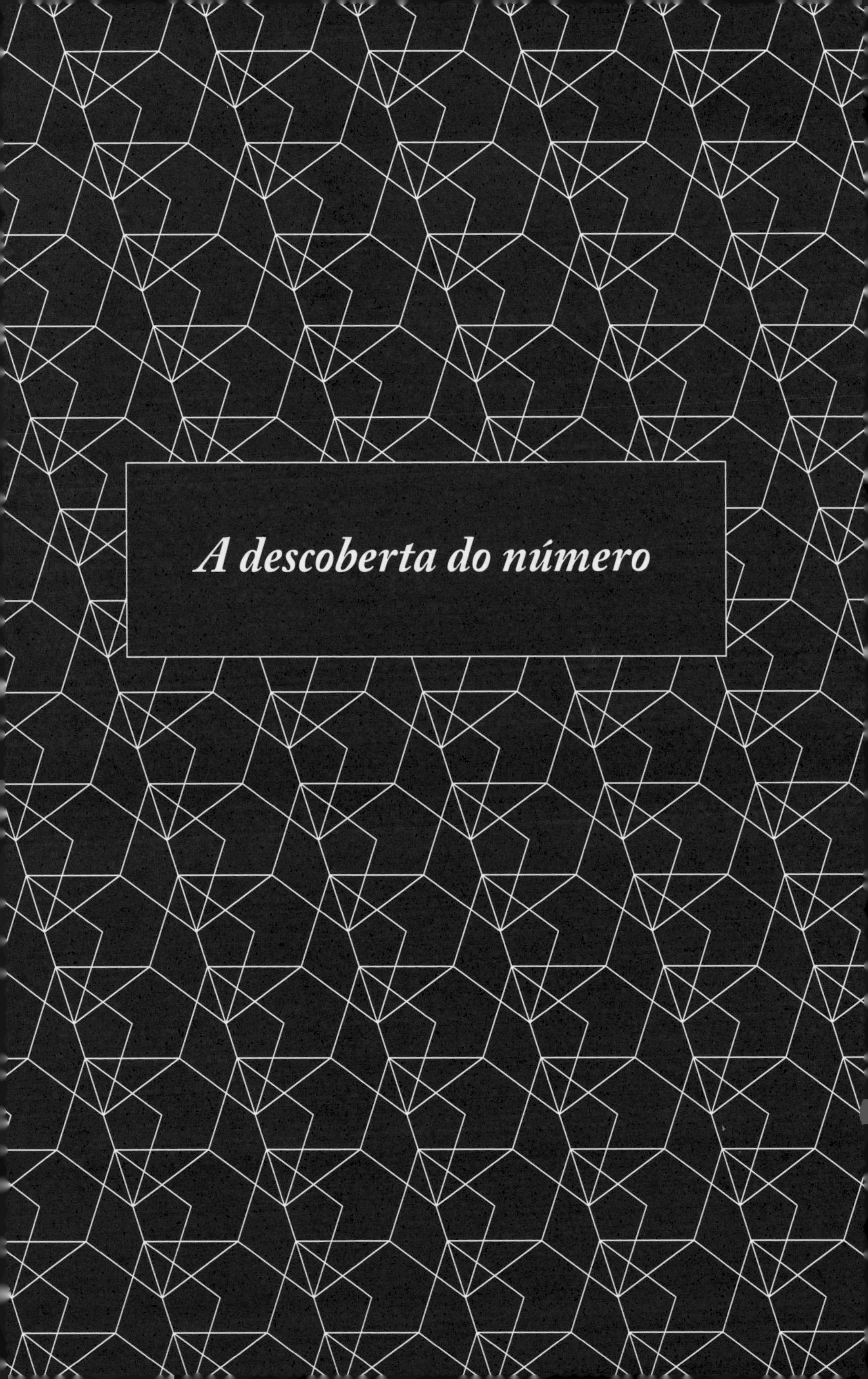

A descoberta do número

A matemática dos bichos

Um fazendeiro estava determinado a matar um corvo que fizera o ninho numa torre da sua casa. O problema é que, cada vez que entrava na torre, o pássaro fugia, ficava observando e só voltava depois que o homem saía da torre. O fazendeiro recorreu a um estratagema: dois homens entraram juntos na torre e apenas um saiu. Mas o pássaro não se deixou enganar: só voltou ao ninho depois que o segundo homem saiu. Nos dias seguintes, eles repetiram o truque, sucessivamente com dois, três e até quatro homens, mas sempre sem sucesso. Por fim, entraram cinco homens na torre e saíram quatro. Dessa vez deu certo: incapaz de distinguir entre quatro e cinco, o corvo voltou para o ninho.

Quem conta esse episódio é o historiador da matemática Tobias Dantzig (1884-1956), no grande clássico *Número, a linguagem da ciência*, publicado pela primeira vez em 1930. Não é um caso raro: estudos realizados nas últimas décadas indicam que o sentido do número está amplamente distribuído no reino animal, mesmo entre espécies com cérebros rudimentares.

Muitos insetos, peixes, aves e mamíferos têm um sentido aproximado do número, que lhes permite escolher rapidamente entre dois grupos (de animais, de alimentos etc.) com tamanhos diferentes. O peixe-mosquito, por exemplo, usa esse sentido para sempre se juntar ao maior cardume disponível, o que lhe oferece mais proteção contra predadores. Diante de fontes de alimento variadas, ratos usam a mesma capacidade para escolher a maior. A vantagem para a sobrevivência é clara.

Outras espécies têm um sentido mais apurado, que distingue entre números individuais. A minúscula rã-túngara da América Central, com apenas três centímetros, é um exemplo espetacular. O macho passa horas lançando a potenciais namoradas chamados característicos que sempre terminam com um estalido. Mas quando escuta o apelo de um rival ele sobe a parada: faz um novo chamado, desta vez terminando com dois estalidos! O outro responde do mesmo jeito. E o duelo continua, com número crescente de estalidos, até que um deles perca o fôlego, o que costuma acontecer por volta dos seis ou sete estalidos.

É um jogo caro, tamanha a energia que os machos precisam despender, e perigoso: toda essa cantoria também atrai predadores... Mas eles não têm opção, porque as moças túngaras estão escutando (e contando!), e sempre escolhem os rapazes que fazem mais estalidos.

Chimpanzés são particularmente dotados para os números. Sabemos que podem ser ensinados a identificar grupos de objetos com o respectivo numeral escrito como algarismo árabe — três círculos com o algarismo 3, cinco quadrados com o algarismo 5 etc. —, e até a deixar esses algarismos em ordem.

Na Universidade de Kyoto, no Japão, fizeram um experimento. Algarismos de 1 a 9 foram exibidos numa tela durante 210 milissegundos (a duração de um piscar de olhos médio) e logo eram ocultados por quadrados brancos. Todos os jovens chimpanzés participantes foram capazes de tocar nesses quadrados sequencialmente, na ordem crescente dos algarismos!

Não vale a pena tentar fazer isso em casa: humanos não conseguem! Parece que, nos 6 milhões de anos desde que o *Homo sapiens* se separou do chimpanzé, nosso cérebro evoluiu de modo diferente: perdemos a incrível memória numérica dos nossos primos mais chegados, mas talvez esse tenha sido o preço a pagar para descobrirmos o teorema de Pitágoras.

Aliás, nosso sentido do número não é muito mais desenvolvido do que o de outras espécies: tal como o corvo mencionado por Dantzig, a maioria de nós não consegue distinguir números maiores do que 4 "no olho", ou seja, sem contar. Justamente, a técnica da contagem é a grande descoberta da humanidade para lidar com os números de modo muito mais potente do que qualquer outra espécie.

Ninguém sabe bem quando, como, nem por que começamos a contar. Nem sequer sabemos se começamos a fazê-lo em números cardinais (1, 2, 3...) ou ordinais (1º, 2º, 3º...). Alguns antropólogos têm sugerido que a principal motivação para a descoberta da contagem estaria nos rituais religiosos. Como eles precisavam ser executados em ordem bem definida, isso teria conduzido a humanidade a contar em números ordinais.

A hipótese da contagem em cardinais é mais popular entre os especialistas. Motivada por necessidades práticas, a humanidade teria sido levada a representar certos objetos (ovelhas, pessoas, mercadorias...) por meio de outros objetos (pedras, entalhes em pedaços de madeira, nós em cordas...). Até o dia em que alguém percebeu — e isso provavelmente se repetiu em inúmeros locais e civilizações — que existe algo em comum entre "duas ovelhas" e "duas pedras", que é o conceito abstrato de "dois". Nesse dia nasceu o conceito de número.

Foi muito lento. "Muitas eras devem ter passado antes que o homem descobrisse que um casal de pássaros e um par de dias são, ambos, ocorrências do número 2", ponderou o filósofo Bertrand Russell (1872-1970). Mais do que qualquer outra coisa, foram nossos dedos que contribuíram para essa construção abstrata do número. "É à possibilidade de articular os dez dedos que a humanidade deve o seu êxito no cálculo", escreveu Dantzig.

Vestígios disso estão presentes em muitos idiomas. Por exemplo, em português e outras línguas usamos "dígito" ("dedo", em latim) como sinônimo de algarismo. Mas o indício mais notável da origem anatômica do número está no fato de quase toda a humanidade usar o sistema decimal de numeração.

É um sistema posicional em que o valor de cada "dígito" depende de sua posição. Por exemplo, em 3333 o 3 da direita vale 3 mesmo, o próximo vale $30 = 3 \times 10$, o seguinte, $300 = 3 \times 10^2$ e o da esquerda, $3000 = 3 \times 10^3$. Por que usamos 10, e não outro número, como base desse sistema de numeração? Simplesmente porque temos dez dedos nas mãos e, desde tempos imemoriais, nós os usamos para contar.

Mas a humanidade experimentou outras bases. Alguns povos antigos da Oceania usaram a base 5. Talvez contassem com uma só mão, usando a outra como indicador, enquanto seguravam a arma debaixo do braço? Na base 5, há apenas cinco dígitos (0 a 4) e, por exemplo, 3333 representa o número $3 + 3 \times 5 + 3 \times 5^2 + 3 \times 5^3$, ou seja, 468 na base 10. Os símbolos V = 5, L = 50 e D = 500, na numeração romana, sinalizam um uso antigo da base 5.

A linguagem dos nativos das ilhas do estreito de Torres, na Austrália, sugere um sistema de base 2: *urapun* significa 1, *okosa* significa 2, e então *okosa-urapun* é 3 e *okosa-okosa* é 4. Certas línguas da Amazônia brasileira, da África e da Austrália usam construções idênticas.

Outros povos, em todos os continentes, usaram a base 20. Presumivelmente, contavam também com os dedos dos pés... Existem vestígios em línguas como o francês (80 é *quatre-vingts*) e o inglês (*threescore* ou *3-score* significa 60). Já os babilônios criaram um sistema posicional de base 60. Devemos a eles a divisão da hora em 60 minutos e do minuto em 60 segundos.

Para quem está habituado ao sistema decimal, bases maiores do que 10 apresentam um inconveniente: é necessário inventar símbolos para os dígitos acima de 9. Na base 16, muito utilizada em programação, são usadas letras: A = 10, B = 11, C = 12, D = 13, E =14 e F = 15.

Algumas línguas preservam vestígios do período anterior à consolidação do número abstrato. No idioma das ilhas Fiji, a palavra para 10 é *koro* se estivermos falando de cocos e *bolo* se o assunto for barcos. E o povo Tauade, da Nova Guiné, usa palavras diferentes para falar de pares de machos, pares de fêmeas e pares mistos. Talvez seja por isso que, em português, falamos de "rebanho de ovelhas", mas nunca de "rebanho de lobos"?

O fato de termos duas mãos e dois olhos certamente facilitou o acesso ao conceito abstrato de número 2 (o 1 é um caso à parte: os próprios gregos da era clássica não consideravam que 1 fosse número!). Mas a passagem aos números maiores é muito mais recente do que se imagina.

Na língua dos sumérios, o povo da Mesopotâmia que inventou a escrita 5 mil anos atrás, a palavra *es* significa tanto "três" quanto "muitos". Certas línguas africanas que sobreviveram até os nossos dias têm palavras apenas para "um", "dois" e "muitos". A palavra inglesa *thrice* pode significar "três vezes" ou "muitos". Em francês, a semelhança entre *trois*, três, e *très*, muito, também pode ser um indício semelhante de um estágio primitivo da técnica da contagem.

O famoso matemático e economista norte-americano David Gale (1921-2008) conta em um dos seus artigos a seguinte história, que afirma ser verdadeira — e eu acredito. Era uma vez uma menininha de três anos chamada Clara, que tinha acabado de aprender a contar. Ela conseguia contar as cadeiras da sala e os degraus da escada. Um dia o pai decidiu testá-la. "Filha, aqui estão quatro pirulitos para você." Mas só entregou três. Clara pegou os pirulitos e contou obediente: "Um, dois, quatro". Mas então, confusa: "Cadê o terceiro, papai?".

Antiguidade

A matemática é criada ou descoberta?

O matemático alemão Leopold Kronecker (1823-91) afirmou que "os números inteiros foram criados pelo senhor Deus, tudo o mais é criação dos homens". A linguagem é sutil ("senhor Deus", em alemão, seria usado para falar com crianças) e sugere que ele achava que é tudo criação humana mesmo. Kronecker, aliás, criticou seu compatriota Ferdinand von Lindemann (1852-1939) por ter provado que o número π (pi) é transcendente, isto é, não é solução de nenhuma equação polinomial com coeficientes inteiros: "Para que estudar tais questões se os números irracionais nem sequer existem?".

É uma postura típica da visão nominalista, segundo a qual as noções matemáticas não existem, são meras criações da humanidade e sumirão se e quando formos extintos. Mas a maioria dos matemáticos, incluindo eu mesmo, acredita que as ideias matemáticas têm sim existência própria, e nosso trabalho consiste em descobri-las no mundo à nossa volta. É a visão platonista, que acredita que o universo está escrito em um código especial, e que ao fazermos matemática descobrimos partes desse código.

Essa visão remonta à Grécia clássica — Pitágoras (570 a.C.-*c.* 495 a.C.) já afirmava que "tudo é número" —, e seu principal argumento é que as ideias matemáticas dão certo quando aplicadas ao mundo real, mesmo em situações muito diferentes daquelas em que foram introduzidas. É o que o físico húngaro-americano Eugene Wigner (1902-95) chamou de "efetividade nada razoável da matemática nas ciências naturais".

Se o π foi inventado para estudar o perímetro do círculo, então por que aparece na lei da distribuição normal de Gauss, um dos princípios fundamentais da estatística? O que o perímetro do círculo tem a ver com estudo de populações e pesquisas de opinião?

Se os números complexos foram inventados para resolver a equação cúbica, então por que são fundamentais para descrever o mundo da física quântica?

E o que há de "inventado" na fórmula de Euler, $F - A + V = 2$, que relaciona o número F de faces, A de arestas e V de vértices de qualquer poliedro convexo? Essa fórmula é ou não é uma descoberta?

Mas o platonismo também tem dificuldades: se a matemática faz afirmações sobre o mundo real, então como ela pode ser exata e suas verdades serem absolutas e eternas, ao contrário do que acontece nas demais ciências naturais?

É provável que a questão só seja resolvida quando encontrarmos uma inteligência extraterrestre: se a matemática deles for essencialmente diferente da nossa, será ponto para o nominalismo. Mas eu aposto que vai dar platonismo!

Os calendários e os dias da semana

Na infância vivi em povoados rurais do norte de Portugal. Os camponeses eram quase todos analfabetos e não tinham acesso a jornais, rádio, muito menos TV. Lembro do meu espanto com a capacidade de saberem quando era hora de semear ou colher o milho, a cenoura e outras culturas agrícolas. Que misterioso "instinto" do tempo havia naquelas pessoas simples?

O calendário é um dos avanços mais antigos da civilização. Para as populações nômades de caçadores-coletores, era muito importante conhecer o tempo para poder acompanhar as migrações das espécies de caça ou conduzir os rebanhos para novas pastagens. Com a sedentarização e a invenção da agricultura, tornou-se ainda mais crítico poder localizar o presente nos ciclos a que está sujeito nosso planeta, especialmente o ciclo anual e o mensal.

A arqueologia comprova que métodos para marcar o tempo, por exemplo por meio da posição dos astros, remontam ao Neolítico, entre 12 mil e 6 mil anos atrás. Já os primeiros calendários conhecidos surgiram na Idade do Bronze, há cerca de 5 mil anos, juntamente com a invenção da escrita, na Suméria, no Egito, na Babilônia e na Assíria.

O principal problema do calendário reside no fato de que o ano (órbita da Terra em torno do Sol) e o mês (movimento da Lua em torno da Terra) não correspondem a números inteiros de dias. No século XI os persas já sabiam que um ano contém 365,24219858156 dias, o que é notavelmente preciso.

O calendário dos babilônios consistia em doze meses lunares, iniciados a partir da observação da Lua, juntamente com um período intercalar de alguns dias para completar o ano. A República romana usava uma variação desse calendário, mas o fato de o período intercalar ser definido por decreto político originou abusos.

Em 46 a.C., Júlio César (100 a.C.-44 a.C.) criou um calendário fixo, com 365 dias e mais um inserido a cada quatro anos (ano bissexto). Isso funcionaria perfeitamente se o ano tivesse 365,25 dias, mas são 365,2425 dias. Assim, o calendário juliano foi se deslocando com relação aos eventos astronômicos, o que causava mudança nos feriados religiosos. Em 1582, o papa Gregório XIII (1502-85) criou uma regra que continua valendo: o dia extra não é mais inserido nos anos múltiplos de 100 que não sejam múltiplos de 400. Por exemplo, 1900 não foi bissexto e 2100 também não será.

As datas também foram adiantadas em dez dias, para que as mudanças de estação voltassem a coincidir com os equinócios e os solstícios. E o início do ano foi mudado para 1º de janeiro: antes era em 25 de março, o equinócio da primavera. É por isso que setembro se chama assim: era o sétimo mês do ano (e outubro, o oitavo, novembro, o nono e dezembro, o décimo).

Muitos países demoraram a seguir a recomendação do papa. A Rússia só viria a fazê-lo no século XX, e é por isso que a revolução soviética de 7 de novembro de 1917 é chamada "Revolução de Outubro". E a Inglaterra só adotou o calendário gregoriano em 1752, o que está na origem de algumas confusões com datas. Vejamos o caso de Isaac Newton, por exemplo. Ele nasceu em 4 de janeiro de 1643, mas, para seus contemporâneos, no calendário juliano, era 25 de dezembro de 1642. E morreu em 31 de março de 1727: pelo calendário juliano vigente à época, era 20 de março, e faltavam quatro dias para acabar o ano de 1726!

O aprimoramento do calendário motivou avanços científicos importantes, especialmente na matemática e na astronomia. Mas a importância crucial da contagem do tempo para a vida das pessoas significa que essa atividade também esteve sempre ligada à política e à religião.

O que me leva de volta aos povoados da minha infância. Uma fonte de informação a que os camponeses tinham acesso era a Igreja. Por meio dela ficavam sabendo os dias dos santos, e aí bastava memorizar a data das sementeiras e colheitas tomando como base esses dias. Afinal, ninguém precisa de instinto misterioso para lembrar que o momento certo para provar o vinho novo e comer castanhas assadas é no São Martinho, 11 de novembro!

Também é a religião que está por trás do nome dos dias da semana. Segunda-feira, terça-feira, quarta-feira... Quando eu era criança, causavam-me estranheza esses nomes. Que feiras são essas? Por que "terça" e não "terceira"? E por que não há primeira-feira? Dona Isaura, minha professora e mãe, não sabia as respostas, mas ponderava feliz que "é melhor do que nas outras línguas, que dão aos dias nomes de deuses pagãos".

Em inglês, alemão e demais idiomas germânicos, os dias da semana levam nomes de divindades: Sol, Lua, Tiw, Woden (Odin), Thor, Frigga e Saturno. Nas línguas latinas, como o francês, o espanhol e várias outras, "domingo" tem origem cristã (*dies dominicus*, o dia do Senhor) e "sábado" provém da tradição judaica (*Shabbath*). Mas em quase todas elas os demais dias continuam com nomes de deuses: Lua, Marte, Mercúrio, Júpiter e Vênus. A única exceção é o português, e essa particularidade é atribuída a um indivíduo notável, que viveu no século VI: São Martinho de Dume.

À época, após a queda do Império Romano, a península Ibérica era ocupada por dois grupos de povos germânicos: os suevos, na região noroeste, atualmente ocupada pela Galiza e o norte de Portugal, e os visigodos, no restante do território. A capital sueva era a velha Bracara Augusta dos romanos, hoje a cidade de Braga.

Nascido na atual Hungria, Martinho estudou na Terra Santa, em Roma e Paris, de onde se deslocou para o reino suevo. Lá, fundou diversos conventos, o primeiro deles no povoado de Dume, próximo a Braga. Evidência de sua extraordinária influência, em 556 esse convento tornou-se por si só uma diocese, tendo Martinho como bispo, caso único na história da Igreja. Três anos depois, ele acumulou Dume com a diocese da capital, Braga.

Seu maior êxito foi a conversão do reino do arianismo ao catolicismo, o que lhe valeu a denominação de "apóstolo dos suevos". Certo de que era indigno de um bom cristão invocar nomes de deuses pagãos, impôs a terminologia eclesiástica para os dias da semana: *dies dominicus*, *secunda feria*, *tertia feria*, *quarta feria*, *quinta feria*, *sexta feria* e *sabath*. Aqui, *feria* significa "dia livre" (tal como nas nossas "férias") — e não "feira". Só que nesse contexto era dia livre para trabalhar ("dia útil"), já que no domingo, dia dedicado ao Senhor, o trabalho era proibido pela Igreja.* Também fica explicado o "terça", derivado diretamente do latim *tertia*.

É um tributo à notável força de Martinho que sua vontade tenha prevalecido até nossos dias, de tal modo que praticamente não restam vestígios dos nomes em português antigo: *domingo*, *lues*, *martes*, *mércores*, *joves*, *vernes* e *sábado*). Já a língua galega, que na época de Martinho estava unida à portuguesa e, portanto, adotou os novos nomes, ao longo dos séculos acabaria voltando às velhas denominações.

Martinho tentou ir mais longe e mudar também o nome dos planetas, mas nisso não teve êxito. Morreu em 20 de março de 579, uma *secunda feria*, deixando diversos escritos religiosos.

---

* Em italiano, os dias úteis são chamados *feriali*.

O universo é feito de simetrias

Nossa primeira experiência com simetria ocorre em frente ao espelho, na primeira infância. É inesquecível a fascinação de descobrir o mundo "do outro lado", estranhamente parecido com o nosso. Mas simetria é muito mais: sabemos hoje que ela é um aspecto fundamental do tecido do universo.

"É apenas um pequeno exagero dizer que a física é o estudo da simetria", afirmava Philip Anderson (1923-2020), prêmio Nobel de Física em 1977. A matemática Emmy Noether (1882-1935) provou que "a cada simetria matemática de um sistema corresponde uma quantidade física preservada pela evolução desse sistema". Esse teorema tem papel fundamental na física, especialmente na mecânica quântica, por explicar propriedades das partículas subatômicas (carga, spin etc.) como resultado de certas simetrias matemáticas do universo.

A membrana do vírus da gripe é formada por apenas quatro tipos de proteína, que se encaixam em um padrão geométrico repetitivo: o código genético para construir tal estrutura é mais econômico do que seria necessário num padrão menos simétrico. Para economizar recursos, organismos vivos tiram proveito das simetrias de muitas outras formas. E minerais estruturam-se em formas cristalinas cheias de simetrias porque isso requer menos energia.

A simetria também tem protagonismo na arte, claro. Leonardo da Vinci (1452-1519) baseou sua *Última ceia* numa composição simétrica: a posição de Cristo isolado no centro acentua dramaticamente sua solidão às vésperas da Paixão. Perfeita simetria das feições é parte do que faz de Nefertiti (*c.* 1370-1336 a.C.), rainha do Egito antigo, "a mulher mais bela de todos os tempos". Também é da simetria dos elementos arquitetônicos que emana o encanto estético do Taj Mahal. E Johann Sebastian Bach (1685-1750) era rigoroso nos padrões simétricos em algumas de suas composições musicais.

Os dicionários contêm muitas definições de *simetria*, a maioria em conexão com "beleza", "equilíbrio" e "harmonia". Prefiro esta, que diz mais sobre o conceito: "invariância (do objeto ou sistema) sob a ação de uma ou mais transformações". No caso do espelho, a transformação é a reflexão na superfície espelhada. Há versões mais complexas: por exemplo, caleidoscópios usam combinações de espelhos, usualmente três, para criar imagens fascinantes.

Também há simetrias de outros tipos. A estrela-do-mar, com seus cinco "braços", apresenta simetria de rotação: se rodarmos o corpo 72° (= 360° dividido por 5) em torno do centro, a aparência fica inalterada (mas o bicho pode ficar um pouco desorientado…). Já o calçadão de Copacabana apresenta simetria de translação: se deslocarmos o padrão da calçada uma distância adequada na direção do mar, sua aparência permanece a mesma.

Uma notação para representar os diferentes tipos de simetria, tanto no plano (2D) como no espaço (3D), foi criada por William Thurston (1946-2012), ganhador da medalha Fields em 1982, e John Conway (1937-2020), outro excelente matemático e divulgador científico carismático.

Essa notação usa os inteiros positivos 1, 2, 3… e quatro símbolos especiais (o "espelho" *, o infinito ∞, o "milagre" x e o "espanto" o) para descrever as transformações que preservam a figura. Por exemplo, a "calçada paulista" tem simetria 2222, pois fica inalterada por rotações de meia volta (180°) em torno de quatro pontos especiais.

Os padrões de simetria que incluem o símbolo "infinito" são chamados "frisos", porque têm forma de faixa. Os demais são chamados "papéis de parede". Uma descoberta notável da matemática no século XX, chamada Teorema Mágico, afirma que em 2D existem exatamente 24 padrões de simetria: 17 papéis de parede e 7 frisos.

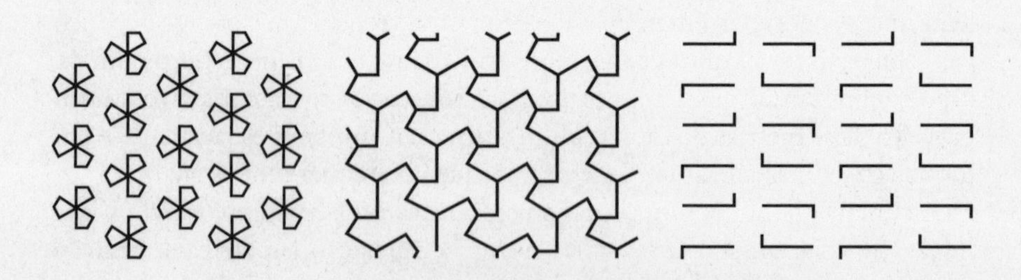

Exemplos de padrões de simetria do tipo papel de parede

Um fato surpreendente é que todas essas simetrias vêm sendo realizadas nas artes decorativas desde a Antiguidade. Por exemplo, os sete frisos foram identificados em cerâmicas escavadas na Suméria, datadas de cerca de 5000 a.C. Não precisamos ir tão longe, porém, para nos encantarmos com a criatividade humana: basta olhar o chão quando caminhamos numa calçada de pedra portuguesa.

A arte da calçada portuguesa utiliza um material difícil e é praticada por operários de origem humilde e formação limitada, o que torna ainda mais notável a riqueza dos padrões. Isso é visível em Lisboa: em suas calçadas já foram identificados todos os 7 frisos e 11 dos 17 papéis de parede (um dos 6 que faltam foi encontrado na cidade portuguesa de Guimarães).

Os artistas que produziram todas essas obras de arte não conheciam o Teorema Mágico: usaram apenas criatividade e intuição. E em nossos dias a matemática veio delinear os limites absolutos e imutáveis dessa intuição: os artistas foram até onde era possível e não encontraram outros padrões simétricos porque, simplesmente, eles não existem. Fascinante, não?

O teorema de Pitágoras não é de Pitágoras

Embora seja o matemático mais conhecido do público, pouco se sabe sobre a vida e a obra de Pitágoras. Pior, as escassas informações de que dispomos são contraditórias: foi um pioneiro genial que deu os primeiros passos para transformar a matemática numa ciência rigorosa? Ou um místico obcecado por temas esotéricos, como a reencarnação das almas, e por regras peculiares, como a proibição de comer feijões? Parte da confusão se deve ao fato de que seus partidários se dividiram, após sua morte, transmitindo visões antagônicas de suas ideias.

Ao que sabemos, Pitágoras nasceu na ilha grega de Samos, por volta de 570 a.C., e morreu no sul da Itália, em cerca de 495 a.C. Na juventude, viajou pelo Egito e pela Babilônia, absorvendo conhecimentos matemáticos. Por volta de 530 a.C., fixou-se na colônia grega de Crotona, onde fundou uma sociedade filosófica e religiosa que exerceu influência política considerável na Magna Grécia, o conjunto das colônias gregas no sul da Itália.

Pitágoras dividia seus seguidores em *akousmatikoi* (ouvintes), que estavam proibidos de falar e só podiam memorizar as palavras do mestre; e *mathematikoi* (matemáticos, ou aprendizes), os mais avançados, que podiam perguntar e inclusive expressar opiniões. Só transmitia seus princípios com clareza a estes últimos: os *akousmatikoi* recebiam apenas esboços vagos e misteriosos.

Depois que morreu, os dois grupos teriam evoluído para facções rivais, transmitindo versões distintas dos ensinamentos recebidos: mística e esotérica, no caso dos *akousmatikoi*, racional e científica, para os *mathematikoi*. Mas é possível que a distinção não fosse tão estrita.

O alicerce da filosofia pitagórica era a ideia de que tudo é número. Baseava-se na descoberta de que as harmonias musicais podem ser expressas mediante números: as harmonias mais bonitas são dadas por notas cuja frequência está em relações simples, tais como (2:1) ou (3:2).

Outro fundamento de sua crença estava na astronomia, que Pitágoras aprendera com os babilônios. Ele acreditava que os movimentos periódicos dos planetas estariam relacionados de alguma forma com os intervalos musicais, sugerindo que o movimento dos corpos celestes produz uma espécie de harmonia nos céus, a "música das estrelas".

E a contribuição científica mais conhecida desse matemático é o famoso teorema de Pitágoras: num triângulo retângulo, a soma dos quadrados dos catetos (os lados que formam o ângulo reto) é igual ao quadrado da hipotenusa (lado oposto ao ângulo reto). No entanto, vestígios arqueológicos comprovam que o teorema já era conhecido na Babilônia do rei Hamurábi.

Plimpton 322, uma tábua de argila encontrada nas escavações da Mesopotâmia e datada de cerca de 1800 a.C., é um dos mais famosos documentos matemáticos antigos. Traz inscrita uma tabela com 15 linhas e 4 colunas de números (na notação sexagesimal da Babilônia) que formam triplas pitagóricas, ou seja, triplas de números inteiros a, b e c (por exemplo, $a = 3$, $b = 4$ e $c = 5$) tais que $a^2 + b^2 = c^2$.

A maioria dos especialistas acredita que se trata de uma lista de exemplos para uso em sala de aula. Mas a inscrição também aponta um método de cálculo das triplas — mais de mil anos antes de Pitágoras! — que mostra um conhecimento de geometria que se pensava ter sido alcançado só na Grécia.

Um leitor de meus textos na *Folha de S.Paulo* chamou minha atenção para outro documento matemático da Babilônia identificado recentemente, em 2021. A peça, uma placa circular de argila chamada Si.427, data de 1900 a 1600 a.C. e foi escavada em Bagdá em 1894. Porém foi dada como perdida até que o pesquisador australiano Daniel Mansfield a localizasse no Museu Arqueológico de Istambul.

Si.427 contém um dos exemplos mais antigos de aplicação da trigonometria a um dos problemas que mais motivaram o avanço da matemática no Egito e na Mesopotâmia: a redistribuição de terras. Ela é uma espécie de registro de imóvel: contém informações legais e geométricas sobre um terreno dividido para que a metade fosse vendida.

Para fazer essa divisão de forma precisa, é importante saber traçar perpendiculares a uma reta dada. É aí que os dois documentos se conectam: um método prático de obter a perpendicularidade é construir triângulos cujos lados tenham comprimentos dados por alguma tripla pitagórica, tal como faz o carpinteiro.

Assim, os problemas práticos colocados por Si.427 podem ser resolvidos usando a "teoria" contida em Plimpton 322. Mansfield aventa que, no lugar de material didático, a tábua seria um tipo de cola de um agente imobiliário.

A vida de π

Todos nós fomos apresentados ao número π na escola, mas acredito que para muitos isso tenha sido motivo de desconforto, mais que de encantamento. Fica em geral apenas a impressão de que se trata de um esquisitão, "um número que não acaba nunca". Uma pena, porque o π é realmente uma fonte inesgotável de maravilhas.

Os gregos da Antiguidade já sabiam que, quando desenhamos um círculo, seu comprimento (que eles chamaram de perímetro ou circunferência) é proporcional à largura (melhor, ao diâmetro). Ou seja: perímetro = constante × diâmetro, onde a constante é sempre a mesma, em qualquer círculo. Uma constante assim merece ter nome: os gregos a chamaram de π, que é a inicial da palavra "perímetro" em grego. Na verdade, tudo isso já era conhecido antes, os gregos aprenderam muitas dessas coisas com os egípcios e os babilônios. Por exemplo, que π é um pouco maior do que 3.

Mas saber exatamente quanto esse número vale é outra história. Manuscritos egípcios antigos contêm diferentes valores aproximados de π. Para coisas práticas os babilônios tomavam π como se fosse igual a 3, embora soubessem que 3,125 seria mais correto. Eles influenciaram os hebreus: na Bíblia (Livro dos Reis) está escrito: "Fez um tanque de metal fundido, com dez côvados de diâmetro. Era redondo, tinha cinco côvados de altura; sua circunferência media-se com um fio de trinta côvados". Isso significa que eles usaram π = 3, já que 30 é o triplo de 10.

Mas os gregos foram além dos antecessores, encontrando meios engenhosos para calcular o valor de π. O grande Arquimedes (séc. II a.C.) desenvolveu um método* que ainda é relevante hoje, baseado em inscrever no círculo polígonos regulares com muitos lados, e usou-o para concluir que π está entre 3,1408 e 3,1429. Ptolomeu (séc. II d.C.), o maior astrônomo da Antiguidade, usou o método de Arquimedes para chegar a 3,1416. O indiano Ariabata

* Dona Isaura, minha mãe e professora dos anos iniciais, me contou que, quando era aluna da Escola Normal, ela e as colegas aplicaram esse método em sala de aula para calcular o valor de π com as próprias mãos. É uma pena que esse tipo de "matemática mão na massa" hoje seja incomum em nossas escolas.

(séc. v d.C.) chegou ao mesmo valor e, mais ou menos ao mesmo tempo, o chinês Tsu Ch'ung-chih (séc. v d.C.) obteve um valor ainda mais preciso: 3,1415926. Hoje conhecemos mais de 22 trilhões de dígitos de π.

Um episódio extraordinário ocorreu nos Estados Unidos em 1894, quando um amador apresentou à Assembleia Legislativa do estado de Indiana um projeto de lei definindo o valor legal de π. Entre outras barbaridades, ficava determinado que π seria igual a 3,2! Incrivelmente, a proposta foi aprovada por unanimidade na Câmara estadual! Só não chegou a ser lei estadual porque o professor Clarence Abiathar Waldo (1852-1926), da Universidade Purdue, atuou no Senado estadual para impedir o vexame. Ainda incertos sobre o mérito da questão, os senadores concluíram que o Legislativo não tem poderes para mudar constantes matemáticas e adiaram a votação por tempo indeterminado...

Por volta de 2010, porém, circulou na internet a notícia de que o Partido Republicano do estado do Alabama tinha apresentado um projeto de lei estabelecendo que π = 3, "para simplificar a matemática e melhorar o desempenho das crianças norte-americanas". Mas essa era trote, ninguém seria tão bobo. Certo?

Paradoxos para todos os gostos

Teseu, mítico fundador e rei de Atenas, regressou à pátria após inúmeras aventuras. Segundo seu "biógrafo" Plutarco (*c.* 46-120 d.C.), os atenienses homenagearam o herói preservando seu navio. Mas, embora o casco fosse resistente, os remos apodreciam e precisavam ser trocados. Logo a controvérsia se instalou: depois da troca, continuava sendo o mesmo navio ou tinha se tornado outra coisa?

Paradoxos desafiam nossos modos de pensar e existem em todas as áreas do conhecimento. Por vezes, como no exemplo acima, resultam de imprecisão nas palavras: o que significa "o mesmo"?

O veloz Aquiles disputa corrida com a tartaruga. Ela sai 100 metros na frente, porém Aquiles cobre essa distância em 10 segundos. Quando chega no ponto de onde ela partiu, a tartaruga já se moveu 1 metro. Aquiles percorre esse trajeto em 0,1 segundo, mas, de novo, quando chega onde a tartaruga se encontrava, ela não está mais lá. Assim, apesar de ser mais rápido, Aquiles nunca alcança a tartaruga.

Esse e outros paradoxos famosos atribuídos ao filósofo grego Zenão de Eleia (*c.* 490-430 a.C.) visavam mostrar que a mudança e, em particular, o movimento são ilusórios. Em frontal oposição ao pensamento de contemporâneos como Heráclito de Éfeso (*c.* 500-450 a.C.), que inspirou o aforismo "tudo flui como um rio". A maioria dos matemáticos acredita que esses paradoxos foram resolvidos com a descoberta do cálculo, mas a discussão filosófica continua até hoje. E os avanços recentes da mecânica quântica apontam para direções estranhamente reminiscentes das ideias de Zenão.

Há, no entanto, paradoxos para todos os gostos.

O nome do número 1 (um) tem duas letras, o do 13 (treze) tem cinco, o do 328 (trezentos e vinte e oito) tem vinte. Para números maiores precisamos de cada vez mais letras, pois a quantidade de nomes com um número fixo de letras é finita. Então qual é o menor número inteiro que não pode ser nomeado em português usando menos de cem letras? Bom, esse número não existe: a expressão que usei para nomeá-lo (começando em "o menor" e terminando em "letras") tem menos de cem letras…

Na tradição cristã, o Juízo Final será anunciado pelo toque da trombeta do arcanjo Gabriel. Trata-se sem dúvida de um instrumento notável, provavelmente infinito. O matemático italiano Evangelista Torricelli (1608-47) considerou que seria o sólido obtido quando o gráfico de $y = 1/x$ é rodado em torno do eixo x. Nesse caso, a trombeta de Gabriel teria volume finito (ela comporta uma quantidade finita de ar), mas área infinita (pintá-la requer uma quantidade infinita de tinta). Essa conclusão deu origem a uma controvérsia com diversos pensadores da época, incluindo Galileu Galilei (1564-1642), sobre o significado do infinito.

Suponhamos que você se envolveu com uma quadrilha e agora tem uma sequência infinita de assassinos no seu encalço. O assassino 1 vai chegar às 12h e o matará no ato, se o encontrar vivo. Já o assassino 2 chegará às 11h30 e fará o mesmo. O assassino 3 virá às 11h15, o assassino 4 chegará 7,5 minutos depois das 11h e assim sucessivamente. Cada um deles o matará imediatamente, se o encontrar vivo. Você não tem a menor chance, lamento. Mas também é claro que nenhum dos assassinos conseguirá matá-lo, porque alguém já terá feito isso antes. Como fica?

Definições com autorreferências são outra fonte inesgotável de paradoxos. Em Sevilha existe um barbeiro (homem) que faz a barba de todos os homens que não barbeiam a si mesmos, e só desses. Ele faz a própria barba ou não?

Um dia, na faculdade, meu professor José Morgado (1921-2003) provou o seguinte teorema: "Se 3 = 2, então eu sou o papa". A ideia é a seguinte: se 3 = 2, então, subtraindo uma unidade, 2 = 1; logo, eu e o papa, que somos 2 pessoas, na verdade somos 1 só. A moral é que a partir de suposições falsas é possível chegar a qualquer conclusão, usando a lógica mais perfeita. Essa lição vale para a vida.

Uma formiga caminha à velocidade de 1 cm/s dentro de um tubo de borracha que, inicialmente, tem 1 km de comprimento. Para dificultar, o tubo vai sendo esticado à taxa de 1 km/s, ou seja, a cada 1 s ele fica 1 km mais longo. Desse jeito a formiga nunca chegará ao fim do tubo, certo? Errado: demora muito, mas ela chega, sim! Como explicar isso?

Dois homens ganharam de presente gravatas de preços diferentes. Decidem fazer uma aposta: quem tiver a gravata mais cara terá que dá-la ao outro. O raciocínio deles é o seguinte: se eu perder, perco a minha gravata, e se ganhar, ganho uma gravata mais cara; como a chance de ganhar ou perder é meio a meio, e o valor do ganho é maior que o valor da perda, a aposta é vantajosa para mim! Como poderia ser vantajosa para ambos?

Por vezes, o paradoxo é apenas aparente, porque a verdade é contraintuitiva. O cientista britânico Francis Galton (1822-1911) observou que pais altos tendem a ter filhos menores do que eles, enquanto pais baixos normalmente têm filhos mais altos. Esse comportamento é chamado "regressão para a média".

É conhecido que, para a maior parte das pessoas nas redes sociais, seus amigos têm em média mais amigos do que a própria pessoa (triste, não?). Como pode ser? Considere uma rede social com 100 usuários, dos quais 99 têm 10 amigos cada e o 100º é amigo de todo mundo. Para os 99, que são a maioria, a média de amigos dos seus amigos é 19, quase o dobro de 10.

Mais um exemplo para encerrar (por ora). Uma batata que pesa 100 gramas tem 99% do peso formado por água. Ela passa por um processo de desidratação, que reduz a água sem afetar as demais substâncias. Quanto pesa a batata desidratada, sabendo que agora a água é 98% do peso?

A trigonometria e o GPS

Anos atrás, um amigo me falou de uma conferência de física cuja cerimônia de abertura fora prestigiada por um representante do poder público. Impressionado, talvez, pela presença de tantos cientistas, o dignitário optara por confessar de cara que a única coisa que se lembrava das aulas de física era "aquele negócio de seno e cosseno".

A teoria do seno e cosseno pertence à matemática, claro. Mais precisamente, à trigonometria, que é o estudo das relações entre as medidas dos ângulos e dos lados de triângulos. Esse estudo remonta aos primórdios da civilização, na Mesopotâmia e no Egito, mas alcançou novo patamar a partir do filósofo e matemático grego Tales de Mileto, o primeiro indivíduo na história a quem se atribuem descobertas matemáticas.

Há dois teoremas com o nome de Tales na geometria, ambos sobre triângulos. Historicamente, seu aspecto mais inovador é serem afirmações gerais, que se aplicam a quaisquer triângulos e não apenas a casos particulares. Eles marcam a evolução da matemática do particular para o geral, do concreto para o abstrato, que se iniciara antes, mas alcançou a maturidade na Grécia.

Acredita-se que Tales nasceu na cidade de Mileto, na década de 620 a.C., e morreu aos 78 anos, durante a 58ª Olimpíada, que teve lugar entre 548 e 545 a.C. Segundo o historiador Heródoto (séc. V a.C.), ele previu o eclipse de 28 de maio de 585 a.C. Outros afirmaram que Tales teria usado seus teoremas para medir a altura das pirâmides do Egito, mas os relatos variam bastante (há quem atribua a façanha a Pitágoras!), o que torna a credibilidade duvidosa.

O primeiro uso conhecido da palavra "trigonometria" está no livro *Trigonometria: Tratado breve e claro da resolução de triângulos* (em tradução livre do latim), publicado em 1595 pelo astrônomo e teólogo alemão Bartolomeu Pitisco (1561-1613). Pitisco também teria sido o primeiro a usar o ponto decimal (em português, usamos a vírgula) para separar a parte inteira da parte decimal de um número. Uma cratera na Lua recebeu seu nome, Pitisco.

Mas o uso das ideias da trigonometria é muito anterior: o grego Hiparco de Rodes (190 a.C.-120 a.C.), considerado o fundador da área, publicou em 180 a.C. um livro sobre o tema, com tabelas da primeira função trigonométrica, chamada "corda" e relacionada com a função seno. Embora esse livro tenha se perdido, acredita-se que tais tabelas foram usadas no cálculo do tempo a partir de observações astronômicas. Aliás, tabelas de cordas também aparecem nos dois volumes do *Almagesto*, o tratado do astrônomo greco-romano Claudio Ptolomeu (*c.* 100-170 d.C.) que formalizou o sistema geocêntrico, em que a Terra ocupa o centro do universo.

Em espanhol, *seno* também significa "seio", e um colega de Madri já me assegurou que essa seria a origem do nome, uma referência à forma arredondada do gráfico da função seno. A história é mais complicada.

A noção de seno de um ângulo apareceu pela primeira vez por volta do ano 500, num trabalho do matemático e astrônomo hindu Ariabata, o Velho (476-550). Ele usou o nome *jya* ("corda de arco"), que, por uma tradução malfeita, virou *jaib* ("dobra" ou "baía") em árabe e, depois, *sinus* ("dobra", "baía" ou... "seio") em latim. Desta última, popularizada por Leonardo Fibonacci (1170-1250), o maior matemático da Europa medieval, resultou o nome atual.

Uma das aplicações mais impactantes da trigonometria foi na criação do sistema métrico decimal, hoje adotado na grande maioria dos países. Até o século XVIII, eram usadas centenas de unidades de peso e medida, que variavam de região para região e ao longo do tempo. Os franceses, por exemplo, mediam comprimento em "pés do rei", com óbvios inconvenientes quando mudava o monarca. Com a industrialização e o crescimento do comércio, ficou urgente padronizar as unidades.

Após tentativas fracassadas para criar um padrão internacional por consenso, a França revolucionária saiu na frente. Em 1790, a Academia Francesa de Ciências nomeou cinco notáveis cientistas — Jean-Charles de Borda (1733-99), Marie Jean Antoine (marquês de Condorcet, 1743-94), Joseph-Louis Lagrange (1736-1813), Pierre-Simon Laplace (1749-1827) e Gaspard Monge (1746-1818) — para se debruçarem sobre o problema e apresentarem propostas concretas. Em seu relatório eles propuseram, entre outras coisas, que a unidade de comprimento passasse a ser o "metro", definido como 1⁄40.000.000 do comprimento de um meridiano terrestre.

Um detalhe incômodo era que os meridianos não têm todos o mesmo comprimento... Porém isso não era problema para os patrióticos gauleses: escolheram o meridiano que passa pelo centro do Observatório de Paris! Visitei-o anos atrás: um trilho metálico atravessa o prédio do Observatório, assinalando a localização desse meridiano histórico.

Mas havia um problema ainda mais sério: como medir um meridiano? Estender uma trena de 40 mil quilômetros em volta da Terra estava fora de questão. A solução foi escolher duas cidades sobre o meridiano de Paris, Dunquerque e Barcelona, e medir a distância e a diferença de latitude entre elas: a partir daí, o comprimento do meridiano pode ser obtido usando uma regra de três.

Mas a tarefa continuava complicada, pois a distância entre essas cidades é de mais de mil quilômetros... Até os anos 1980, distâncias entre pontos na superfície da Terra — eventualmente separados por montanhas, lagos etc. — eram calculadas usando o método de triangulação, baseado na trigonometria.

A ideia é esta: começamos com dois pontos, *A* e *B*, tais que a distância entre eles é conhecida. Dado outro ponto, *C*, visível a partir de ambos, procedemos da seguinte forma: no ponto *A*, medimos o ângulo entre as direções *AB* e *AC*, e no ponto *B* medimos o ângulo entre as direções *AB* e *BC*. Isso é feito usando uma espécie de luneta, chamada teodolito. Com essas informações, usando funções trigonométricas, é possível calcular as distâncias entre *A* e *C* e entre *B* e *C*. Depois, podemos calcular as distâncias de *A* e *C* (ou *B* e *C*) a outro ponto *D*, e assim sucessivamente.

Esse método permitiu que os astrônomos Jean-Baptiste Delambre (1749-1822) e Pierre Méchain (1744-1804) medissem com precisão a distância de Dunquerque a Barcelona, entre 1792 e 1799. Com base nesses resultados, foi dada a primeira definição oficial do metro.

Mas o uso da trigonometria na cartografia começara antes. Na França, esteve muito ligado à família Cassini, uma das dinastias mais notáveis da história da ciência. Nos anos 1670, o astrônomo real Giovanni Domenico Cassini (1625-1712) dera início a um projeto de mapear toda a França. Com o filho, Jacques Cassini (1677-1756), concluiu em 1718 a primeira medição da distância de Dunquerque a Barcelona, que seria usada para construir protótipos provisórios do metro, enquanto se aguardava que Delambre e Méchain terminassem seu trabalho.

O filho de Jacques, César-François Cassini (1714-84), partiu do trabalho do pai e do avô para obter a primeira triangulação completa do território francês. Seu filho, Jean-Dominique Cassini (1748-1845) — bisneto de Giovanni Domenico, que dera origem à dinastia no século anterior —, refinou e concluiu o trabalho do pai. O mapa Cassini, publicado pelos dois entre 1744 e 1793, estabeleceu o padrão da cartografia científica.

Com o advento dos satélites artificiais, foi possível medir distâncias e elaborar mapas a partir do espaço. Mas isso só aumentou o papel da trigonometria. Por exemplo, os sistemas de posicionamento global (GPS) dependem das funções trigonométricas para funcionar: é usada trigonometria esférica (ou espacial) para lidar com as três dimensões do espaço. No futuro, além da latitude e longitude eles darão também a altitude, com precisão suficiente para que aviões possam usar o GPS em sua navegação.

O que será que Tales de Mileto teria respondido se alguém tivesse lhe perguntado se esse negócio de estudar triângulos serve para alguma coisa?

A engenharia e a guerra

Faz quase duzentos anos que a pequena cidade de Roma iniciou a caminhada histórica que vai transformá-la em senhora do mundo. Conquistando gradualmente os vizinhos por meio de diplomacia, força, astúcia e, mais ainda, sua inquebrável tenacidade, a jovem República já anexou quase toda a península Itálica. Os romanos vencem, quase sempre. Também perdem, por vezes. E até levam desaforo para casa. Mas os romanos sempre voltam para dar o troco, com juros.

A marcha já os levou ao encontro de seu maior inimigo, a poderosa cidade africana de Cartago, fundada por colonos fenícios. Roma venceu a primeira rodada com dificuldade, mas o conflito não está resolvido. E agora, no ano de 212 a.C., trava-se mais uma batalha crucial nessa guerra que vai mudar a história.

A pólis grega independente de Siracusa, na Sicília, havia sido importante aliada de Cartago, antes de passar para o lado romano. Quando os siracusanos ameaçam voltar ao partido de Cartago, Roma não hesita: um poderoso exército é enviado em 214 a.C., sob o comando do cônsul Marco Cláudio Marcelo (*c.* 268-208 a.C.), para atacar por terra e por mar. Siracusa é poderosa, com fortes muralhas e um exército experiente. A conquista nunca seria fácil, nem mesmo para a implacável legião romana.

Além disso, o rei de Siracusa conta com uma arma secreta: um velho matemático e cientista. Seu nome é Arquimedes.

Arquimedes teria nascido em Siracusa por volta de 287 a.C. e estudado em Alexandria, no Egito. O pouco que sabemos sobre ele não deixa dúvida de que foi um dos maiores matemáticos de todos os tempos. Entre muitos feitos, foi o precursor do cálculo matemático, que seria redescoberto quase 2 mil anos depois por Isaac Newton (1643-1727) e Gottfried Wilhelm Leibniz (1646-1716), e que está na base de todo o desenvolvimento científico e tecnológico da era moderna. Galileu Galilei (1564-1642) se referiu a ele como "sobre-humano", e Leibniz escreveu que quem conhece os trabalhos de Arquimedes dá menos valor àqueles que o seguiram. Não é à toa que é dele a efígie que adorna a medalha Fields, o mais cobiçado prêmio da matemática.

Foi também um extraordinário cientista e engenheiro. Segundo o engenheiro romano Marco Vitrúvio Polião (séc. I a.C.), ele teria inventado o hodômetro, o mecanismo usado em carros para medir os quilômetros percorridos. E desenvolveu vários sistemas de roldanas compostas. O parafuso de Arquimedes, que pode ser usado para elevar água e objetos a níveis superiores, viria a ser redescoberto, quase dois milênios depois, por ninguém menos que Leonardo da Vinci (1452-1519).

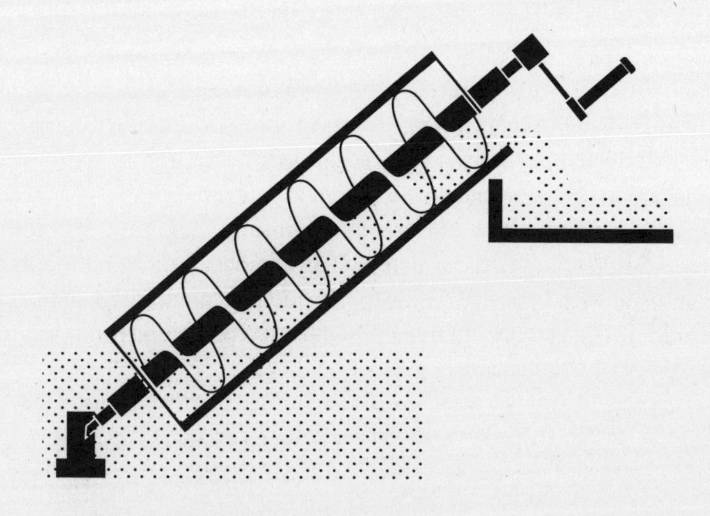

O parafuso de Arquimedes, que foi redescoberto por Leonardo da Vinci, permite deslocar água para níveis superiores e foi amplamente usado na irrigação e no abastecimento urbano de água

Mas os legionários romanos provavelmente estavam mais impressionados mesmo era com as armas infernais desenvolvidas por Arquimedes para a defesa de Siracusa. A famosa "garra de Arquimedes", espécie de guindaste de madeira, arrastava e empurrava os navios romanos para baixo da água ou os erguia e lançava de volta ao mar, destruindo-os. Arquimedes também teria usado seus conhecimentos de ótica para construir um sistema de espelhos capaz de focar os raios de sol sobre os navios romanos: construídos em madeira com revestimento de alcatrão, rapidamente se viam em chamas.

Os romanos conheciam perfeitamente o valor da matemática, da ciência e da tecnologia para o desenvolvimento da nação (ainda que nesse caso significasse, sobretudo, para a guerra). Na tomada de Siracusa, o cônsul Marcelo deu ordens explícitas para que a vida de Arquimedes fosse poupada a todo custo. Infelizmente, o legionário que encontrou o matemático meditando no jardim de casa não reconheceu o velho, ou preferiu vingar os companheiros mortos no cerco, e o executou. Era o ano de 212 a.C.

O episódio mais famoso da vida de Arquimedes, provavelmente fictício, entrou para o folclore universal. O rei de Siracusa encomendou uma coroa de ouro e quer saber, sem estragá-la, se o metal foi adulterado. Arquimedes descobre a solução do problema durante o banho e sai gritando *Eureka!* ("descobri!", em grego). Acabava de descobrir a lei de Arquimedes da hidrodinâmica, um dos princípios fundamentais da física dos fluidos.

Dez anos atrás, eu estava explicando à Anita, minha filha, quem eram os personagens representados no vitral de um museu, quando ela — então com três anos — exclamou, orgulhosa: "Esse eu estudei na minha escola: ele saiu da banheira!". Presumi que a professora teria contado a história à classe, com a ajuda de um livro ilustrado, e ela teria retido a imagem.

Na verdade, a representação no vitral se referia ao filósofo Platão, mas a criança não estava errada. Não temos nenhuma ideia de como se parecia qualquer um deles, já que não existem reproduções feitas por alguém que os tenha conhecido em vida.* A Anita apenas identificou uma imagem genérica de "pensador grego clássico" (o que, aliás, deixou o pai coruja muito orgulhoso).

---

* É mais surpreendente que também não haja imagens confiáveis de cientistas muito mais próximos de nós no tempo. Particularmente estranho é o caso do matemático francês Adrien-Marie Legendre (1752-1833).

Hipátia de Alexandria, a primeira matemática

Ela é celebrada como a primeira matemática da história. Mulher de personalidade forte, que, numa sociedade masculinizada, reuniu à sua volta um círculo brilhante de discípulos que a admiravam. Quem foi Hipátia de Alexandria?

As fontes históricas são escassas. Pior, sua vida e as trágicas circunstâncias de sua morte fizeram dela ícone de causas diversas, até contraditórias, nas quais ela provavelmente não se reconheceria. A lenda ocultou os fatos.

Para os filósofos pagãos da fase final do Império Romano, Hipátia representou a resistência ao cristianismo. Na Idade Média, foi convertida em símbolo dele: aspectos de sua vida foram incorporados à lenda de Santa Catarina de Alexandria (que dá nome ao estado brasileiro). Para os pensadores do Iluminismo, simbolizou a oposição a essa religião. No século XX, foi reinventada como precursora do feminismo.

Hipátia foi assassinada em 415, mas o ano do seu nascimento não é conhecido: estima-se que tenha sido por volta de 355. Era filha de Téon de Alexandria, matemático e astrônomo de renome e diretor do Mouseion, prestigiosa escola de elite onde era ensinada a filosofia neoplatônica.

Boa parte do pouco que sabemos sobre Hipátia chegou pelos escritos de seus discípulos. Ela atraía admiração generalizada, tanto pelos ensinamentos como pela autoridade moral, inclusive a frugalidade de sua vida e das vestimentas, além da virgindade que teria mantido durante toda a vida.

Não há evidências de que alguma vez tenha deixado Alexandria. Não era um ambiente democrático: em consonância com o pensamento de Platão, professores e alunos do Mouseion evitavam contato com as massas, que consideravam incapazes de compreender o conhecimento elevado.

Acredita-se que parte do livro *Almagesto*, do astrônomo Ptolomeu (séc. II d.C.), que chegou até nós, seja na verdade de autoria de Hipátia. Ela também escreveu comentários à *Aritmética*, de Diofanto (séc. III d.C.), e aos trabalhos de Apolônio de Perga (sécs. III a.C.-II a.C.) sobre seções cônicas, que se perderam.

A vida e a obra de Hipátia foram ofuscadas por sua trágica morte. Logo após ascender ao bispado de Alexandria, o futuro São Cirilo (*c.* 370-444 d.C.)

perseguiu quem não seguia o cristianismo ortodoxo. Quando se voltou contra os judeus, estes contaram com a proteção do prefeito (governador militar) Orestes, talvez porque ele se ressentisse do poder crescente do bispo.

No conflito entre os dois, Orestes foi apoiado por personalidades influentes de Alexandria, com destaque para Hipátia. Acusada de ser um obstáculo à reconciliação, difamada por propaganda entre as massas populares (por quem nunca se interessara), em março de 415 ela foi atacada na rua por partidários de Cirilo. Os relatos de seu assassinato pelas mãos da multidão variam, mas todos são muito violentos.

Apesar de embaraçoso para a Igreja, o episódio não impediu a canonização do bispo.

O berço da numeração moderna

Em 2019, passei duas semanas na Índia a trabalho, para participar em uma conferência que o Instituto de Matemática Pura e Aplicada (Impa) coorganizou em Bangalore, em parceria com o Centro Internacional de Física Teórica Abdus Salam, de Trieste, e o Centro Internacional de Ciências Teóricas de Bangalore, filial do renomado Instituto Tata de Bombaim. Aproveitei para visitar o Tata e para conhecer Goa, a velha capital do império português no Oriente.

A pesquisa matemática indiana tem um passado glorioso, que remonta a 1200 a.C., e continua entre as mais desenvolvidas do mundo. Os hindus descobriram o zero (independentemente dos babilônios e dos maias), e também vem deles o símbolo 0, que usamos para representar esse número: seu primeiro uso conhecido foi no manuscrito Bakhshali, escrito em fragmentos de casca de bétula, por volta do século III.

Esse importante avanço permitiu que criassem o sistema posicional decimal para representar números. O princípio central ("de lugar para lugar, cada um é dez vezes o anterior") já aparece no *Aryabhatiya*, escrito em sânscrito no final do século V pelo matemático e astrônomo Ariabata (476-550). Transmitido ao Ocidente pelos árabes e popularizado por Leonardo Fibonacci (1170-1250), o sistema decimal hindu libertou os europeus da esquisita numeração romana, tornando-se padrão em todo o planeta.

Na trigonometria, seus primeiros resultados apareceram nos *Surya Siddhanta*, manuscritos dos séculos IV e V que, entre outras coisas, introduziram a definição e o nome das funções seno e cosseno. Esses avanços também foram consolidados e ampliados no *Aryabhatiya*.

No século VII, já estavam trabalhando com números negativos, tendo identificado corretamente as respectivas regras de operação, como "negativo vezes negativo dá positivo".

Um milênio depois, a matemática indiana continuava na vanguarda. Entre 1300 e 1600 a escola de Kerala, no sul da Índia, fez descobertas que os europeus só alcançariam um par de séculos depois. No livro *Tantrasangraha*, do matemático e astrônomo Nilakantha Somayaji (1444-1544), foram exibidas expansões em séries de potências que permitem calcular as funções trigonométricas e o número π com grande precisão. Infelizmente, esses avanços não se tornaram conhecidos fora da Índia, e acabaram sendo ultrapassados pela descoberta do cálculo infinitesimal por Isaac Newton (1643-1727) e Gottfried Wilhelm Leibniz (1646-1716).

No século XIX, a Índia produziu um dos matemáticos mais extraordinários da história: Srinivāsa Aiyangār Rāmānujan (1887-1920), cuja vida foi contada no filme *O homem que viu o infinito* (2015), dirigido por Matt Brown. Dotado de intuição fora do comum para descobrir fórmulas matemáticas complexas em que ninguém tinha sequer pensado, Rāmānujan atribuía sua inspiração à deusa Namagiri. O fato de que algumas (poucas) dessas ideias "divinas" estivessem erradas torna o caso ainda mais interessante.

O que eles não fizeram foi descobrir a fórmula resolvente da equação de grau 2... Meu colega em Bombaim ficou surpreso quando contei que no Brasil ela é chamada "fórmula de Bhaskara": houve dois matemáticos importantes com esse nome, nos séculos VII e XII, mas na Índia nenhum deles é associado à fórmula (que já era conhecida dos babilônios por volta de 1800 a.C.). Que se saiba, esse disparate é invenção brasileira.

Nos nossos dias, a Índia permanece um dos países mais desenvolvidos na pesquisa em matemática, ocupando um lugar no grupo 4 da União Matemática Internacional, o segundo mais importante. Isso se deve em parte ao prestígio do Instituto Tata, de Bombaim, historicamente o primeiro centro de excelência em matemática no mundo em desenvolvimento.

Fundado em 1945 com o apoio da família Tata, de empresários, uma das mais importantes da Índia, o instituto é integralmente financiado pelo governo federal indiano. Nos anos 1950, contou com o apoio de Jawaharlal Nehru (1889-1964), primeiro-ministro fundador da Índia independente, para conseguir sua sede própria, um belo campus no tradicional bairro Navy Nagar, entre instalações das forças armadas indianas.

Em matemática, o Tata tem tradição especialmente forte na importante área da geometria algébrica. O instituto também tem departamentos de física, química, biologia e computação (o primeiro computador da Índia foi construído no Tata, em 1957).

No caminho de Bombaim para Bangalore, passei um fim de semana conhecendo Goa. A região foi conquistada em 1510 pelo extraordinário Afonso de Albuquerque (1453-1515), artífice do Império português no Oriente. Foi um golpe estratégico: além da excelência de seu porto, Goa tinha localização privilegiada, por ficar na fronteira entre dois reinos rivais, Bijapur (muçulmano), ao norte, e Vijayanagar (hindu), ao sul, permitindo ao astucioso governador português e a seus sucessores intervir com sucesso na diplomacia regional.

Assim, Goa permaneceria como centro do poder lusitano na Ásia por mais de 450 anos, até ser anexada em 1961 pela Índia recém-independente.

Quando eu era criança, o governo de Portugal ainda se recusava a reconhecer a "invasão ilegal", e por isso Goa continuava sendo ensinada nas escolas: na época, eu sabia "tudo" sobre seus rios, ferrovias, produção agrícola e industrial etc.

O legado dessa incrível aventura ainda é visível nos nossos dias, em diversos monumentos e igrejas (quase 10% dos moradores são católicos), em nomes de lugares (Vasco da Gama, onde fica o aeroporto, é a maior cidade do estado), em sobrenomes exóticos como "Souza" ou "Noronha", e nas cerca de 10 mil pessoas que falam nossa língua fluentemente, com encantador sotaque europeu.

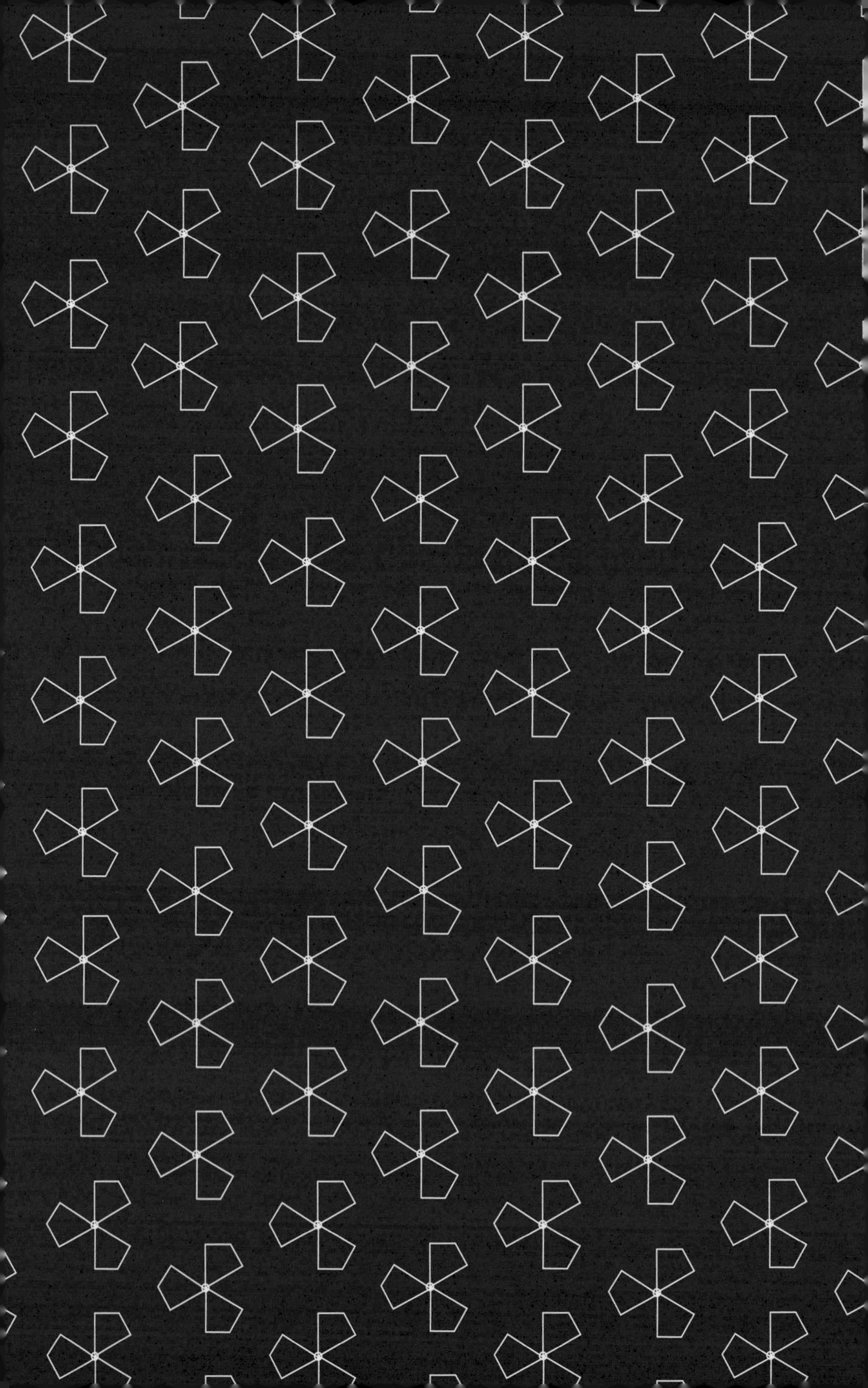

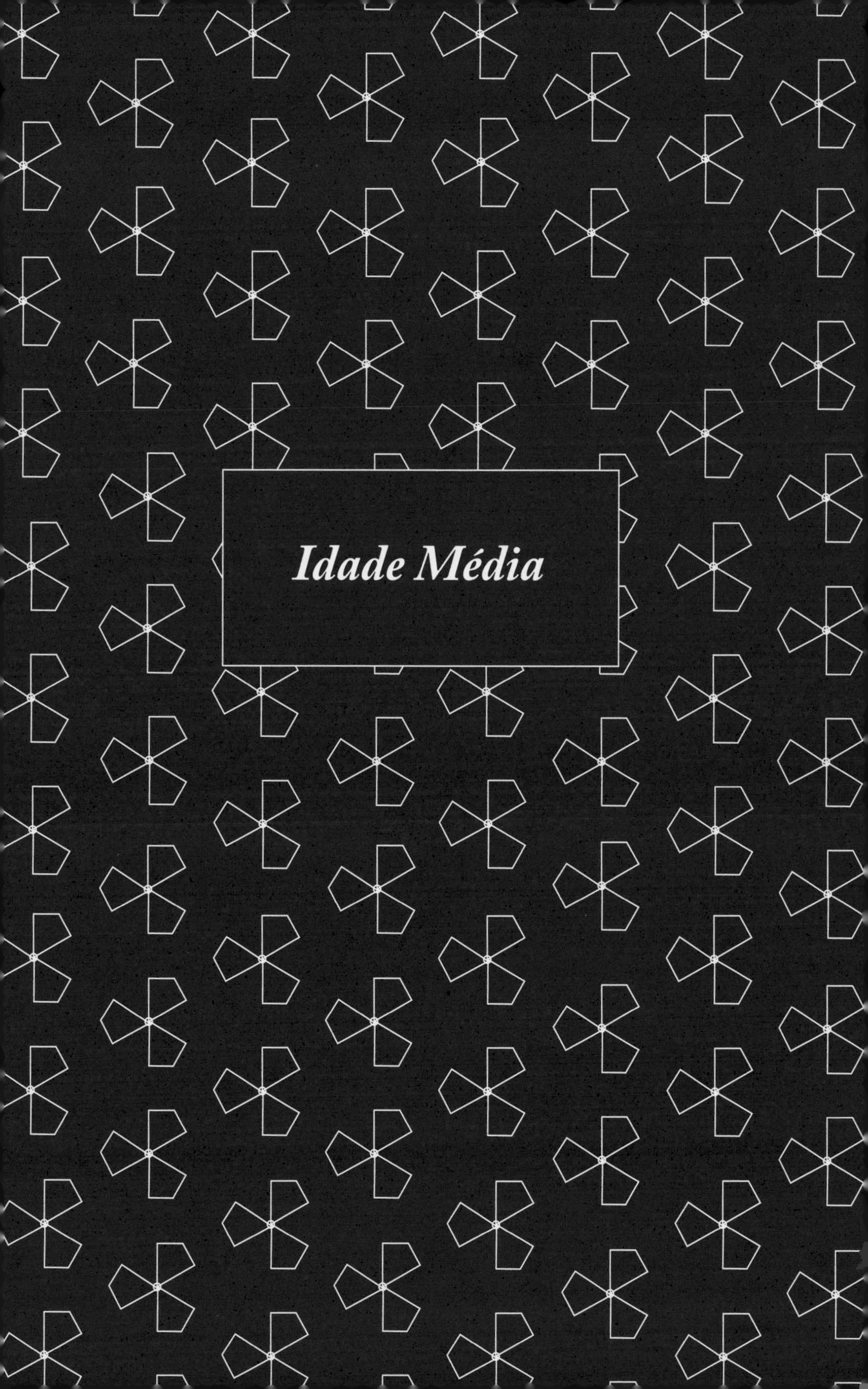

Idade Média

O papa matemático

O meu amigo Jorge Buescu, professor da Universidade de Lisboa e ex-presidente da Sociedade Portuguesa de Matemática, escreve mensalmente sobre matemática na revista da Ordem dos Engenheiros de Portugal.

Seus artigos vêm sendo coletados em livros, e o mais recente deles, *Amor, matemática e outros portentos*, que acabo de receber por gentileza do autor, me apresenta um personagem fascinante: Gerbert d'Aurillac, o papa matemático Silvestre II, que governou a cristandade na virada do primeiro milênio, entre 2 de abril de 999 e 12 de maio de 1003.

Acredita-se que tenha nascido por volta de 945, na região francesa de Auvérnia, e certamente de origem humilde. Aos dezoito anos já tinha sido aceito no mosteiro beneditino de Saint Géraud d'Aurillac, sob a proteção do abade Raymond de Lavaur (?-1010). Lá começou o *trivium*, o ciclo básico de estudos medievais, formado por gramática, retórica e lógica. Mas os estudos avançados do *quadrivium*, formado pela geometria, aritmética, astronomia e música, estavam além do que o mosteiro podia oferecer.

Em 967, aproveitando uma visita de Borrel II, conde da Catalunha (*c.* 927-92), o abade lhe perguntou se em seus domínios existiam bons matemáticos. Tendo o conde respondido que sim, Raymond de Lavaur lhe pediu que levasse Gerbert com ele, para que aprofundasse os estudos.

A Catalunha estava então na fronteira entre os reinos cristãos do norte da península Ibérica, imbuídos de um impulso irresistível de expansão territorial, e a sofisticada cultura do reino islâmico de Al-Andalus, a mais avançada da época. Os três anos em que lá permaneceu permitiram a Gerbert realizar todo o seu potencial como estudante. Acredita-se inclusive que tenha passado períodos em Córdova, a capital de Al-Andalus.

Em 970, Borrel II foi em peregrinação a Roma, levando Gerbert na comitiva. Apresentado ao papa João XIII (?-972) e ao imperador romano Oto I (912-73), Gerbert deve ter causado forte impressão, pois o papa o recomendou como tutor do herdeiro imperial, o futuro Oto II (955-83). Dois anos depois, tornou-se professor da escola-catedral de Reims.

Naquela época, anterior à criação das universidades — a primeira só seria fundada em 1088, em Bolonha —, as escolas-catedrais eram as instituições de ensino mais avançadas, e Reims, onde os reis da França eram coroados, era uma das mais prestigiadas da Europa. Lá, Gerbert alcançou o auge da fama como acadêmico e, sob sua liderança, a escola-catedral de Reims iria alcançar o ápice da glória como centro de conhecimento.

Antes que as peripécias de sua carreira o conduzissem à política internacional e à cúpula da Igreja cristã, Gerbert fez importantes contribuições para o desenvolvimento da matemática na Europa. Uma delas foi a introdução da numeração decimal, o sistema de numeração hindu-árabe que usamos até hoje. Na época, cálculos eram feitos por meio da numeração romana, que não é nada prática. Gerbert ensinou como fazer as quatro operações da aritmética de forma bem mais rápida, por meio de ábacos.

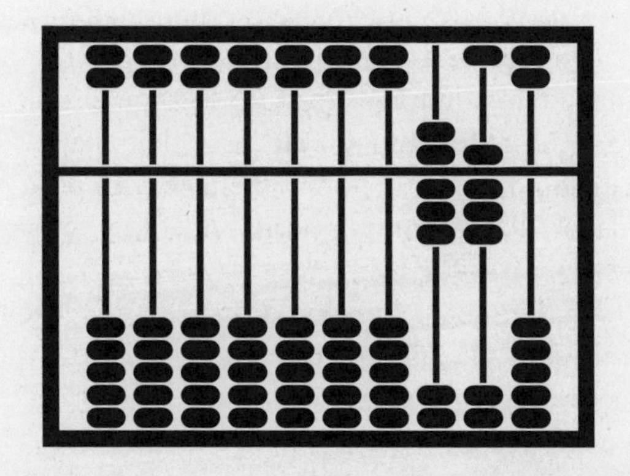

O ábaco remonta ao terceiro milênio a.C., pelo menos, e foi o principal instrumento de cálculo até o desenvolvimento das calculadoras elétricas e eletrônicas, nos séculos XIX e XX

Infelizmente, seus ensinamentos sofreram oposição da poderosa classe clerical, que monopolizava o conhecimento dos números e desconfiava de ensinamentos vindos do mundo islâmico. Por isso, o ábaco e a numeração decimal só se tornariam populares na Europa bem mais tarde, em 1202, com a publicação do *Liber abaci* [Livro do ábaco], do italiano Leonardo Fibonacci (1170-1250).*

A astronomia era outro domínio em que Gerbert se destacava. Devemos a ele sobretudo a introdução no Ocidente do astrolábio, instrumento de observação e cálculo extremamente preciso que teria papel fundamental na Era dos Descobrimentos.

---

* Escrevi sobre Fibonacci e o *Liber abaci* em "Fibonacci ensinou o Ocidente a contar", na p. 55.

Gerbert também deixou importante obra escrita na música. Um de seus trabalhos explica como calcular o comprimento dos tubos de um órgão acústico de modo a cobrir uma faixa tão ampla quanto possível de notas musicais, o que envolve problemas matemáticos interessantes.

Em geometria, suas notas de aula para os alunos de Reims foram o trabalho mais avançado sobre o tema na Europa durante dois séculos, só vindo a ser suplantadas pela tradução para o latim dos *Elementos*, de Euclides (sécs. IV a.C.-III a.C.) — e a partir do árabe, já que o original grego se perdeu. A par do trabalho como estudioso e acadêmico, Gerbert foi também relevante nas grandes questões políticas de seu tempo. Foi fundamental para a ascensão de Hugo Capeto ao trono da França em 987. Quatro anos depois, foi recompensado com a nomeação como arcebispo de Reims, mas sua oposição a Roma fez com que fosse excomungado e deposto.

Contou com a proteção e a amizade do novo imperador romano, Oto III (980-1002), de quem também fora tutor. Oto o nomeou arcebispo de Ravena, em 998, e no ano seguinte fez com que ele fosse eleito papa. Simbolicamente, escolheu ser chamado Silvestre II, em homenagem ao papa Silvestre I (280-335), que fora colaborador próximo de outro imperador romano, Constantino, o Grande (272-337).

Morreu em 1003, sem ter se livrado da suspeita de ter feito um pacto satânico para impulsionar sua fabulosa carreira. A tal ponto que, em 1648, sua tumba chegou a ser aberta para comprovar que não abrigava um demônio.

Três histórias sobre sombras

Estamos no ano de 1024, na cidade de Gásni, a bela capital da dinastia que governa o Afeganistão. O sultão Mamude (971-1030), conquistador do Irã e do Punjab, recebe uma delegação de turcos do Volga. Os visitantes contam que, nas longínquas regiões polares ao norte, em certas épocas do ano, as sombras são bem maiores do que as pessoas, e o sol passa dias sem se pôr.

Profundamente devoto, o sultão fica chocado e acusa-os de heresia: num país em que não há noite, como poderia o fiel muçulmano obedecer ao mandato do Corão de orar cinco vezes por dia? Perante a ira do monarca, os embaixadores turcos temem pela vida.

Intervém o sábio da corte, Albiruni (973-1048). Lembrando que a Terra é curva, faz Mamude entender a razão de ser dos longos dias do verão ártico. A vida dos visitantes é salva. Albiruni fica orgulhoso: conseguiu mais uma vez dissipar as trevas da ignorância por meio da ciência. Mas ele sabe que essa guerra não tem fim.

Nascido em região próxima ao mar de Aral, Albiruni viajou ao longo de quase toda a vida à mercê das vicissitudes de guerras e conquistas. Matemático, físico, astrônomo e filósofo, escreveu mais de uma centena de obras científicas. Entre elas, um *Tratado das sombras*, no qual critica "os fanáticos religiosos que sentem náusea quando alguém fala de sombras, funções trigonométricas ou altitudes, e a quem a simples menção de um cálculo ou um instrumento científico dá arrepios".

Eclipses da Lua são causados pela sombra projetada pela Terra sobre seu satélite. Em 24 de maio de 997, Albiruni observou o eclipse lunar em Kath, sua cidade natal, e anotou o horário. Havia combinado com um colega em Bagdá que fizesse o mesmo. Assim, a partir da diferença entre as horas do evento nos dois locais, determinaram a diferença de longitude entre as duas cidades. O método seria aperfeiçoado mais de meio milênio depois, por ninguém menos que Galileu Galilei (1564-1642). Mas a solução prática para o problema da longitude acabou sendo outra.

O militar norte-americano Robert Peary (1856-1920), explorador audaz, fez várias expedições para alcançar o polo Norte — o que finalmente afirmou ter conseguido em 6 de abril de 1909. Inclusive tirou uma foto com seus companheiros, em frente a uma bandeira cravada no local, para comprovar a façanha. Ao voltar à civilização, ficou sabendo que seu compatriota Frederick Cook afirmava ter chegado ao polo quase um ano antes.

Estava instalada a polêmica, com os partidários dos dois disputando a primazia. Em 3 de março de 1911, o Congresso dos Estados Unidos resolveu a questão, com um decreto em favor de Peary. Mas a história dele nunca convenceu os especialistas: eram demasiados os indícios que não batiam. Um dos mais gritantes está na famosa foto: as sombras dos homens e da bandeira são curtas demais para aquela época do ano no polo...

Fibonacci ensinou o Ocidente a contar

Eu era adolescente quando li pela primeira vez sobre os números de Fibonacci. Segundo aquele livro ilustrado, esses números têm a ver com criação de coelhos e, incrivelmente, regeriam também o crescimento das folhas em torno do caule das plantas. Desde então, aprendi muito mais sobre esses números mágicos, mas nada apagou a fascinação da primeira leitura.

Leonardo Fibonacci viveu na cidade italiana de Pisa, aproximadamente entre 1170 e 1250, e foi o maior matemático da Europa medieval. Os contemporâneos conheceram-no como Leonardo Pisano — não confundir com o Leonardo Fiorentino, ou da Vinci (1452-1519), que viria quase trezentos anos depois —, e ele mesmo se assinava Leonardo Bigollo, que significa "viajante" no dialeto da região da Toscana. Mas, em livro publicado em 1838, o historiador da matemática Guillaume Libri (1803-69) referiu-se a ele como Leonardo Fibonacci — *filius Bonacci*, ou seja, filho da família Bonacci —, e o apelido pegou.

A Pisa em que nasceu era uma próspera cidade portuária que comerciava com todo o mundo conhecido — desde então, a costa italiana se deslocou e o mar fica hoje em dia a mais de dez quilômetros de distância. Às margens do rio Arno, a cidade também ostentava uma indústria pujante: couros e peles, metais, construção de navios. A famosa torre inclinada de Pisa começou a ser construída na juventude de Leonardo.

Filho de um homem de negócios e funcionário do governo, o jovem Fibonacci cresceu num meio vibrante, em que catalogar mercadorias e preços era uma atividade constante, e fazer contas, uma necessidade cotidiana.

Mais de oito séculos depois da queda de Roma, as elites educadas da Europa ainda escreviam em latim e representavam os números pelo sistema romano, usando as letras M, D, C, L, X, V e I. É uma numeração que pode até ficar bonita na fachada de monumentos, mas sem dúvida consiste num pesadelo para fazer contas: experimente somar MMCDLXVIII com MCCCXLIV. Pior ainda, tente multiplicar esses números!

Os mercadores europeus contornavam as dificuldades usando o ábaco, instrumento notável cuja origem remonta à Antiguidade — o mais antigo do qual temos conhecimento foi usado na Suméria, no terceiro milênio a.C. — e que nos é útil praticamente até nossos dias. O ábaco consiste em certo número de hastes, tradicionalmente em madeira ou metal, suportadas por uma moldura, nas quais deslizam pequenas contas. Movimentando as contas nas respectivas hastes é possível realizar adições e subtrações com bastante facilidade. Multiplicações e divisões são mais complicadas, mas usuários experientes conseguem calcular até raiz quadrada. Só que não é fácil e requer um treinamento especializado.

Numa viagem ao Norte da África, Fibonacci tomou conhecimento do sistema indiano por meio dos ensinamentos de um professor árabe: "Os dígitos indianos são 9, 8, 7, 6, 5, 4, 3, 2 e 1. Com esses dígitos e o símbolo 0, todo número pode ser representado, como é demonstrado a seguir", explicou.

O que faz o sistema posicional decimal tão conveniente é que ele usa o mesmo dígito para representar quantidades distintas, dependendo da posição que o dígito ocupa. Por exemplo, em 2702 o primeiro dígito 2 significa "dois milhares", enquanto o último representa apenas "duas unidades". Isso também torna as operações aritméticas muito mais fáceis, ao alcance de todos.

Para tornar esse sistema viável, os indianos precisaram inventar um novo dígito: o zero. A explicação de Fibonacci deixa claro que para ele o zero ainda era diferente dos demais: não se tratava de um número de verdade, apenas uma marca para assinalar uma posição vazia ("sem dezenas", no caso do 2702).

Na volta para casa, em 1202, Fibonacci publicou o *Liber abaci* [Livro do ábaco], seu primeiro livro e a obra de matemática mais importante escrita no Ocidente, por um milênio. Além de apresentar muito do conhecimento adquirido com matemáticos árabes e judeus, explicava meticulosamente o novo sistema de numeração e como usá-lo para fazer contas. Grande responsável por introduzir o sistema posicional decimal no cotidiano dos europeus, o *Liber abaci* tornou Fibonacci muito famoso, a ponto de, na década de 1220, ter sido convidado a comparecer perante o imperador romano-germânico Frederico II (1194-1250), cognominado "Maravilha do Mundo".

Além de explicações teóricas, o *Liber abaci* contém inúmeros exemplos e aplicações para questões práticas de seu tempo. O delicioso problema a seguir ilustra bem o estilo, cuja influência sobre nosso Malba Tahan* é evidente. Um homem idoso chamou seus filhos e disse: "Dividam meu dinheiro da seguinte forma". Ao mais velho disse: "Leve uma moeda de ouro e um sétimo do restante". Ao segundo disse: "Leve duas moedas de ouro e um sétimo do restante".

---

* Pseudônimo de Júlio César de Mello e Souza (1895-1974), professor de matemática, engenheiro civil e autor de vários livros, entre os quais *O homem que calculava*, a mais conhecida obra de divulgação da matemática escrita em língua portuguesa.

E assim continuou com os demais filhos, dando a cada um deles uma moeda de ouro a mais do que ao anterior, além de um sétimo do restante. No fim, os filhos verificaram que todos tinham recebido exatamente o mesmo. Quantos filhos tinha o idoso e qual era o total da herança?

Hoje em dia, Fibonacci é lembrado, sobretudo, por causa de um pequeno parágrafo (um exercício!) sobre a criação de coelhos que incluiu no capítulo XII do *Liber abaci*: "Um homem colocou um casal de coelhos num recinto fechado. Quantos casais de coelhos podem ser produzidos a partir desse, durante um ano, supondo que cada casal gere outro por mês a partir do seu segundo mês de vida?".

Representando por F_n o número de casais de coelhos no enésimo mês, temos que $F_1 = 1$ (o casal inicial de coelhos) e $F_2 = 1$ (o mesmo casal inicial, que ainda não se tornou reprodutivo), e a partir daí $F_n = F_{n-1} + F_{n-2}$: os casais no enésimo mês são aqueles que já existiam no mês anterior mais os filhos daqueles que têm dois ou mais meses de idade. Desta forma, $F_3 = 2$, $F_4 = 3$, $F_5 = 5$, $F_6 = 8$, $F_7 = 13$, $F_8 = 21$, $F_9 = 34$, $F_{10} = 55$, $F_{11} = 89$, $F_{12} = 144$, $F_{13} = 233$... É extraordinário que essa sequência ingênua esteja relacionada com muitas ideias profundas. Por causa disso, ela também surge em áreas em que a matemática tem papel discreto, mas soberano, como a música e a pintura. Por exemplo, à medida que n aumenta o quociente F_{n+1}/F_n entre dois números de Fibonacci consecutivos, fica cada vez mais próximo do chamado "número de ouro", fi, $\varphi = 1{,}61803399...$, que é considerado por vários artistas a "perfeita proporção".

Mais impressionante ainda é que os números de Fibonacci estão refletidos de vários modos na natureza à nossa volta: na proporção em que as conchas de mariscos crescem, no arranjo dos galhos de árvores ou das pétalas de flores em torno do caule e até nas características da estrutura espiral das galáxias.

Do ponto de vista matemático, esses números apresentam muitas propriedades curiosas. Para começar, a soma de três números de Fibonacci consecutivos é sempre um número par. Entende por quê? Um fato mais surpreendente é que a soma de dez números de Fibonacci consecutivos é sempre igual a 11 vezes o 7º número somado. Por exemplo, $F_6 + F_7 + F_8 + F_9 + F_{10} + F_{11} + F_{12} + F_{13} + F_{14} + F_{15}$ dá 1.584, que é 11 vezes F_{12}. Por quê, cara leitora?

Outra propriedade curiosa: a soma dos produtos dos primeiros números de Fibonacci é o quadrado do último número usado, desde que a quantidade de números seja par. Por exemplo, a soma $F_1 \times F_2 + F_2 \times F_3 + F_3 \times F_4 + F_4 \times F_5 + F_5 \times F_6 + F_6 \times F_7 + F_7 \times F_8$ dos produtos dos oito primeiros números de Fibonacci é $1 \times 1 + 1 \times 2 + 2 \times 3 + 3 \times 5 + 5 \times 8 + 8 \times 13 + 13 \times 21 = 441$, que é o quadrado de $F_8 = 21$. Consegue explicar isso, amigo leitor?

Um fato surpreendente, descoberto por Joseph-Louis Lagrange em 1774, é que o último dígito de F_n se repete a cada 60 números. Por exemplo, $F_7 = 13$ termina com o dígito 3 e o mesmo acontece com $F_{67} = 44.945.570.212.853$, $F_{127} = 155.576.970.220.531.065.681.649.693$ etc. Por que será?

Mas também há muita coisa que ignoramos. Por exemplo, não sabemos se existe um número infinito de primos na sequência de Fibonacci. Sabemos que para que F_n seja primo é necessário que o próprio n também seja. Isso é uma consequência da bela fórmula $mdc(F_m,F_n) = F_{mdc(m,n)}$, onde *mdc* significa "máximo divisor comum". Mas essa condição não basta: 19 é primo e, no entanto, $F_{19} = 4181$ não é. O que sabemos com certeza é que, se n é primo, então F_n não tem nenhum divisor comum com os números de Fibonacci anteriores.

Mais de oito séculos depois de sua descoberta, os números de Fibonacci ainda guardam muitos mistérios.

A era de ouro da cultura islâmica na Europa

Na virada do ano 1000, a península Ibérica é a região mais vibrante e avançada da Europa, entreposto do longínquo Oriente na ponta mais ocidental do continente.

Quase três séculos antes, em 711, Tárique (670-720), governador muçulmano da atual Tunísia, desembarca na costa Sul com um pequeno exército árabe e berbere. A monarquia visigótica cai como um castelo de cartas: o rei Rodrigo morre na batalha de Guadalete e em apenas cinco anos os invasores ocupam toda a península. A antiga Hispânia dos romanos torna-se Al-Andalus, província do império governado pelos sucessores do profeta Maomé (*c.* 570-632), os califas omíadas de Damasco.

A reação cristã não se faz esperar. Em 722, o chefe Pelágio vence um contingente muçulmano na batalha de Covadonga, cuja real importância não é clara, mas que será tomada como marco do início da Reconquista e ato fundador do reino cristão das Astúrias. Dele vão nascer Galiza, Leão e, mais tarde, Castela e Portugal. No nordeste da península, Aragão, Navarra e Barcelona estão também sob a influência do reino dos francos.

Em 750, um golpe de Estado substitui os omíadas pelos abássidas, que transferem a sede do califado para Bagdá. Todos os membros da família omíada são mortos, menos um: numa escapada épica, o príncipe Abd al-Rahmán I (756-88) cruza os 5 mil quilômetros entre a Síria e Marrocos, e em 756 chega a Al-Andalus, que transforma num emirado independente do califado Abássida.

Em 929, seu descendente Abd al-Rahmán III (891-961) vai mais longe e se autoproclama califa, em igualdade com o governante de Bagdá. Sua capital, Córdova, é a cidade mais próspera da Europa, rivalizando com Constantinopla e Bagdá pelo brilho de sua ciência, cultura e arte. Data de seu reinado a construção da mesquita (atualmente catedral) de Córdova, exemplo espetacular de fusão das culturas islâmica e cristã.

No fim do século X, Al-Andalus ocupa mais de dois terços da península, e o califa tem a proeminência entre os monarcas da região, sendo inclusive chamado a arbitrar disputas entre os reinos cristãos. Mas as disputas políticas e a inépcia de alguns califas vão precipitar a queda do regime, que deixa oficialmente de existir em 1031. Al-Andalus entra no período dos reinos de taifas, pequenos domínios que guerreiam mutuamente entre si e contra os reinos cristãos ao norte.

No entanto, a fragmentação política não reduz o brilho da civilização islâmica, pois os diferentes senhores entram em disputa para atrair a suas cortes os maiores talentos de seu tempo. Entre eles, está um brilhante matemático e astrônomo: Abu Ishaq Ibrahim al-Zarqali.

Nascido na década de 1020, próximo à cidade de Toledo, a antiga capital visigótica, onde viverá quase toda a vida, Al-Zarqali também ensina em Córdova durante alguns anos. Seu trabalho lhe granjeia a reputação de maior astrônomo da época, contribuindo para fazer de Toledo o centro intelectual de Al-Andalus.

Al-Zarqali publica diversas obras, melhorando o trabalho do astrônomo grego Ptolomeu (séc. II d.C.) e divulgando suas próprias descobertas. É o primeiro a observar que o apogeu do Sol, isto é, seu ponto mais alto no céu, se move relativamente às estrelas fixas. Também compila tabelas para o cálculo da posição dos corpos celestes e inventa um astrolábio melhorado que ficaria famoso na Europa medieval. Seus escritos são traduzidos para o latim e influenciam os astrônomos europeus, até o próprio Nicolau Copérnico (1473-1543).

Ainda que a religião raramente seja o motivo real das guerras na península, e cristãos e muçulmanos costumem estar de ambos os lados, a fragmentação política do islã facilita o avanço da Reconquista cristã. Em 1085, Toledo é tomada pelo rei Afonso VI de Leão e Castela, o Bravo (*c.* 1047-1109), que faz dela sua capital e se autoproclama Imperador de Toda a Espanha. Al-Zarqali foge para Sevilha, onde morre dez anos depois.

Entre 1090 e 1110, os reinos de taifas são reunificados sob a dinastia dos almorávidas, mas isso apenas retarda o avanço cristão por um tempo. Córdova cai para o reino de Leão e Castela em 1236. Após ter saído na frente na anexação de territórios ao sul, Portugal encerra sua participação na Reconquista com a tomada definitiva do Algarve (Al-Gharb Andalus, ou Al-Andalus ocidental) em 1249.

Granada, último reduto islâmico, cai em 1492 para os Reis Católicos de Castela e Aragão. Nesse mesmo ano, Cristóvão Colombo (1451-1506) chega ao Caribe, também a serviço dos Reis Católicos. Uma era se encerra e outra se inicia.

Pedro Nunes, entre dois mundos

Anos atrás visitei o promontório de Sagres, na costa sul de Portugal, celebrizado por Luís de Camões (1524-*c.* 1580) em *Os lusíadas* (1572). De lá saíram, meio milênio atrás, as embarcações portuguesas que descobriram para os europeus tantas novas terras na África, Ásia e América, incluindo o Brasil.

Como muitos outros visitantes um pouco ingênuos, busquei vestígios da famosa Escola de Sagres, que teria sido criada pelo príncipe dom Henrique, o Navegador (1394-1460). A escola talvez nunca tenha existido fisicamente, mas é fato que Henrique se cercou dos melhores matemáticos, astrônomos, cosmógrafos e cartógrafos, e que nesse ambiente de intensa curiosidade fomentado pelo príncipe floresceu uma escola de pensamento que buscava o conhecimento na experiência direta, e não mais nos livros antigos. O maior expoente da tradição iniciada em Sagres foi o matemático e cosmógrafo português Pedro Nunes (1502-78), uma das grandes figuras científicas de seu tempo. Tempo de transição entre a tradição medieval, respeitosa da autoridade, e a cultura do Renascimento, voltada para o mundo empírico.

Pedro Nunes foi o último grande matemático que contribuiu para melhorar o sistema astronômico geocêntrico de Ptolomeu (séc. II d.C.), que logo seria desbancado pelo sistema heliocêntrico, de Nicolau Copérnico (1473-1543) e Galileu Galilei (1564-1642). Mas foi também um inventor de instrumentos práticos para uso na navegação. O mais famoso é o nônio, engenhoso sistema de réguas deslizantes com gradações distintas, que possibilita uma medição muito mais precisa.

Divulgador da ciência contemporânea, Pedro Nunes contribuiu escrevendo trabalhos científicos em português e espanhol, além do inevitável latim. Em algumas dessas obras vislumbramos ideias do cálculo, que seria descoberto mais de um século depois por Isaac Newton (1643-1727) e Gottfried Wilhelm Leibniz (1646-1716).

Formado em medicina pela Universidade de Coimbra, Pedro Nunes tornou-se o primeiro catedrático de matemática nessa instituição. Foi cosmógrafo real e preceptor dos filhos do rei de Portugal. Está imortalizado por uma efígie no Padrão dos Descobrimentos, em Lisboa, à margem do rio Tejo.

Renascimento

Os duelos da equação cúbica

Documentos de argila escavados na Mesopotâmia mostram que a solução da equação quadrática $ax^2 + bx + c = 0$ já era conhecida por volta do ano 2000 a.C. e deve ser ainda mais antiga. A história da equação cúbica $ax^3 + bx^2 + cx + d = 0$ começa por essa altura, mas é mais longa e mais interessante. Há tabelas de raízes cúbicas em tábuas de argila da Babilônia (sécs. XX a.C.-XVI a.C.), mas não sabemos se foram utilizadas para resolver equações.

O problema da duplicação do cubo, que corresponde à equação $x^3 = 2$, começou a ser estudado no Egito Antigo. No século V a.C., o grego Hipócrates de Quios (não confundir com seu contemporâneo Hipócrates de Kós, pai da medicina) explicou como reduzir esse problema a outra questão de geometria, o que lhe permitiu chegar muito perto de resolver o problema por meio de interseções de curvas cônicas (elipses, parábolas, hipérboles).

Métodos para resolver diversas equações cúbicas aparecem no manuscrito *Os nove capítulos da arte matemática*, compilado na China entre os séculos X a.C. e II a.C. No século III d.C., na Grécia, Diofanto encontrou raízes inteiras e raízes racionais de certas equações cúbicas. Quase quatro séculos depois, o matemático e astrônomo chinês Wang Xiaotong (580-640) resolveu numericamente duas dúzias de equações cúbicas.

O grande poeta e matemático persa Omar Khayyam (1048-1131) foi o primeiro a observar que equações cúbicas podem ter mais do que uma solução e também afirmou que, em geral, elas não podem ser resolvidas apenas com régua e compasso. Seu trabalho foi retomado, no século seguinte, pelo matemático indiano Bhaskara (1114-85), mas sem muito sucesso.

Ainda no século XII, o persa Sharaf al-Din al-Tusi (1135-1213) tratou treze tipos de equação cúbica em seu *Tratado das equações*, inclusive algumas que não têm soluções positivas. Ele também apontou a importância da quantidade $b^2c^2-4ac^3-4b^3d-27a^2d^2+18abcd$, que os matemáticos chamam "discriminante", e observou que o seu sinal determina quantas soluções reais a equação tem: três soluções, se o discriminante for positivo, duas, se for zero, e apenas uma, se for negativo. Leonardo Fibonacci (1170-1250), mais conhecido como Fibonacci, maior matemático da Idade Média europeia, também deu sua contribuição ao problema, apresentando um método de resolução aproximada e aplicando-o à equação $x^3 + 2x^2 + 10x = 20$.

Todos esses importantes avanços tratavam apenas de casos particulares, mas isso mudou no início do século XVI, quando o matemático italiano Scipione del Ferro (1465-1526) finalmente descobriu um método geral para resolver a equação cúbica. Na verdade, ele tratou apenas do caso especial $x^3 + mx = n$, mas toda equação cúbica $ax^3 + bx^2 + cx + d = 0$ pode ser reduzida a esse caso especial. Portanto, sem saber, Del Ferro resolvera um problema muito mais geral, que remontava a 2000 a.C. Por que sem saber? Porque, para fazer a redução, é necessário usar coeficientes m e n tanto positivos como negativos, e na época os negativos ainda não tinham sido descobertos. Scipione del Ferro ganhava a vida resolvendo problemas de matemática, e essa equação era sua grande façanha. Guardou o segredo até morrer, quando o deixou a seu aprendiz Antonio Maria del Fiore.

Em 1530, surgiu um concorrente: Niccolò Fontana, mais conhecido pela alcunha Tartaglia (1500-57), anunciou que também sabia resolver equações cúbicas. Preocupado, Del Fiore o desafiou para um duelo: cada um proporia equações ao rival, e quem resolvesse mais ganharia a aposta. No lugar de espadas, ideias matemáticas. Mas nem por isso a luta seria menos implacável, pois para o vencedor haveria glória e fortuna; para o perdedor, vergonha e ostracismo. Para ambos, que nunca tinham deixado a pobreza em que nasceram, muita coisa estava em jogo.

O duelo teve finalmente lugar em 1535. Del Fiore propôs equações do tipo especial $x^3 + mx = n$, que ambos sabiam resolver. Já o astuto Tartaglia optou por equações do tipo $x^3 + mx^2 = n$, que Del Fiore não tinha ideia como abordar, derrotando-o de forma contundente.

Niccolò Fontana (Tartaglia, que significa "gago", era um apelido cruel) nasceu na cidade italiana de Brescia. Seu pai morreu quando ele tinha seis anos, deixando a família na miséria. Autodidata por necessidade, descobriu cedo o talento para a matemática, que lhe valeu empregos como professor em Verona e Veneza. Sabemos que tinha família e que vivia com dificuldades.

Entra então em cena um dos personagens mais extraordinários do Renascimento italiano: Gerolamo Cardano (1501-76). Matemático, médico, biólogo, químico, astrônomo, astrólogo, filósofo e escritor, ele era também jogador inveterado. Seu interesse pelos jogos de azar o levou a ser um dos pioneiros da teoria da probabilidade. Na segunda metade dos anos 1530, Cardano tomou conhecimento dos avanços de Tartaglia e ficou muito interessado. Usando de truques, insultos, lisonjas e promessas, conseguiu convencer Tartaglia a visitá-lo em Milão, em 1539. O visitante acabou revelando o segredo das equações $x^3 + px = q$ e $x^3 + q = px$, mediante a promessa de que seria o primeiro a publicar.

Ao que tudo indica, Cardano pretendia cumprir a promessa. No entanto, em 1542, ele ficou sabendo que Scipione del Ferro já encontrara a solução anteriormente, e inclusive teve acesso ao caderno de anotações, que Antonio Maria del Fiore teve todo o prazer em lhe mostrar para prejudicar Tartaglia. Cardano considerou-se então desobrigado da promessa feita, e revelou a solução da equação $x^3 + px = q$ no seu livro *Artis magnae* [A grande arte], publicado em 1545.

Embora não se tratasse de quebra do combinado, estritamente falando, e Cardano tivesse deixado bem claro que a solução era da autoria de Scipione del Ferro e de Tartaglia, este último ficou furioso, o que é compreensível, e passou a atacar Cardano ferozmente em seus escritos. Cardano não respondeu, mas seu jovem discípulo Ludovico Ferrari assumiu esse papel, atacando Tartaglia e o desafiando para um duelo matemático.

Não era um discípulo qualquer: em 1540, Ferrari (1522-65) descobrira a solução da equação de grau 4, que Cardano também publicou na *Artis magnae*. De fato, ele tratou apenas do caso especial $x^4 + ax^2 + b = cx$, mas Rafael Bombelli (1526-72) mostraria mais tarde que o mesmo método funciona para qualquer equação de grau 4, isto é, qualquer equação da forma $ax^4 + bx^3 + cx^2 + dx + e = 0$.

Ferrari nasceu em Bolonha, mas, tendo perdido o pai na infância, assim como Tartaglia, foi morar com um tio em Milão, onde se tornou empregado de Cardano. Percebendo o brilho excepcional do jovem, o patrão lhe ensinou grego, latim e matemática, e logo fez dele seu secretário. Ferrari retribuiu com lealdade total ao longo da vida. Nunca publicou trabalhos matemáticos em seu nome, e suas melhores descobertas — inclusive sua espetacular solução da equação de grau 4 — foram cedidas para publicação em *Artis magnae*.

Perante os ataques de Tartaglia, que Cardano ignorou, Ferrari tomou as dores do mestre. Entre 10 de fevereiro de 1547 e 24 de julho de 1548, escreveu seis brochuras (*cartelli*), a que Tartaglia deu igual número de respostas (*riposte*). Em meio a insultos e ataques pessoais, *cartelli* e *riposte* têm notável conteúdo matemático.

Ferrari queria um duelo ao vivo, mas o gago Tartaglia insistia que fosse por escrito. Além disso, pobre, pedia que o valor da aposta pudesse ser depositado na forma de livros, no lugar de ouro. Não temos como não simpatizar com o coitado... Surpreendentemente, ele acabou aceitando enfrentar Ferrari em pessoa e, mais ainda, na própria base dele, em Milão. Não sabemos por quê. Talvez tenha sido forçado pela necessidade, esperando ganhar dinheiro e fama caso vencesse.

O fatídico encontro teve lugar na igreja de Santa Maria, às dez da noite de 10 de agosto de 1548, e também não sabemos bem o que aconteceu.

Tartaglia afirmou depois que foi impedido de falar pelos amigos de Ferrari. As discussões se estenderam noite adentro, sobre pontos matemáticos obscuros, até que todos tiveram que partir. Temendo pela própria vida, Tartaglia voltou a Brescia na manhã do dia seguinte.

Parece que Ferrari foi declarado vencedor. Sua estrela brilhou a partir daí, tendo recebido várias ofertas de emprego, inclusive do imperador Carlos V do Sacro Império Romano-Germânico (1500-58). Acabou aceitando trabalhar para o cardeal de Mântua, Ercole Gonzaga (1521-61). Problemas de saúde o forçaram a se aposentar cedo, e morreu em 1565, aos 43 anos. Tartaglia morrera oito anos antes. Cardano viveria até 1576.

Quanto às equações, a expectativa de que a resolução dos graus superiores a 4 viria logo a seguir foi frustrada no início do século XIX, quando o italiano Paolo Ruffini (1765-1822) e o norueguês Niels Henrik Abel (1802-29) mostraram que a partir do grau 5 não existem resoluções desse tipo. O trabalho do francês Évariste Galois (1811-32), publicado postumamente, em 1846, culminou essa aventura, criando uma teoria geral da solução das equações polinomiais.

Provavelmente não somos bons em probabilidade

O *Homo sapiens* é uma máquina notável. Aprimorados 200 mil anos atrás na savana africana, nossos hardware e software tornaram-se surpreendentemente flexíveis. Andar de bicicleta ou escrever, por exemplo, são coisas que fazemos muito bem, embora não servissem de nada para a sobrevivência de nossos ancestrais. Mas há um campo em que somos bastante ruins: entender probabilidades. Alguns exemplos, para convencer o leitor.

Nasceram dois bebês no bairro, e sabemos que um deles é menina. Qual é a probabilidade de que ambos sejam meninas? A maioria responde que é ½ (ou seja, 50%), argumentando que o outro bebê tanto pode ser menino como menina, e que esses dois casos são igualmente prováveis. Mas essa resposta está errada!

Inicialmente há quatro possibilidades: (menino, menino), (menina, menino), (menino, menina) e (menina, menina), todas igualmente prováveis. Como sabemos que um dos bebês é menina, o primeiro caso está excluído. Restam três, igualmente prováveis, dos quais apenas um corresponde a duas meninas. Portanto a probabilidade correta é ⅓.

O paradoxo do Aniversário é particularmente intrigante. Numa turma com 25 alunos, qual é a probabilidade de que dois façam aniversário no mesmo dia? A maioria das pessoas acredita que seja bastante pequena: afinal há 365 dias no ano, e o número de alunos é muito menor. Mas a resposta certa é 56%, ou seja, mais da metade!

Outro exemplo foi celebrizado por programas de auditório no mundo todo. No palco há três portas: atrás de uma há um prêmio, atrás das outras há algo ruim. O jogador escolhe uma porta, mas não abre. O apresentador abre outra porta, necessariamente uma das ruins, e pergunta ao jogador se mantém sua escolha inicial ou prefere trocar. A resposta não é nada intuitiva. Mesmo não sabendo qual das portas é a boa, o candidato sempre deve trocar: pode provar-se que a probabilidade de ganhar o prêmio fica duas vezes maior.

Talvez porque nossa intuição sobre o tema seja tão fraca, a teoria matemática da probabilidade só começou a dar os primeiros passos no século XVI, inicialmente na Itália e logo depois na França. Os avanços primordiais foram obtidos por um dos personagens mais interessantes de seu tempo, o italiano Girolamo Cardano (1501-76), e a motivação era totalmente prática: como ganhar dinheiro com jogos de azar? (Sim, Cardano é o autor do livro *Artis magnae* [A grande arte], que divulgou pela primeira vez as soluções das equações de graus 3 e 4, dando o crédito a Tartaglia, o matemático gago da história anterior).

Astrólogo, médico, geômetra e astrônomo, Cardano se sustentava e pagava seus estudos com os lucros do jogo, e chegou a juntar uma boa fortuna. Por volta de 1520, começou a escrever o *Liber de ludo aleae* [Livro dos jogos de azar], em que identificou pela primeira vez as leis matemáticas do acaso. Sua descoberta mais importante foi o Método do Espaço Amostral: para calcular a probabilidade de que o jogo seja favorável, conte todos os resultados possíveis e também todos os resultados favoráveis; a divisão do segundo número pelo primeiro dá a probabilidade desejada, sob certas condições.

Vamos praticar? Seu amigo propõe que sejam lançados dois dados, um após o outro. Se a soma dos números obtidos for 6 ou menos, ele paga 1.000 reais, caso contrário quem paga é você. Vale a pena jogar?

Cardano nunca publicou esse livro para não divulgar seus segredos profissionais. O texto foi encontrado após sua morte e só seria editado em 1663. A essa altura, a ciência da incerteza já estava bem mais avançada. A humanidade estava começando a aprender que o acaso tem muito mais a ver com matemática do que com preces ou superstições.

Esse aprendizado está longe de ser concluído. Ainda na Copa de 2014, minha filha de quatro anos afirmava que o gol da Croácia no Brasil foi culpa nossa, porque servimos a salada num pote vermelho. Mas eu acho que ela não queria mesmo era comer salada...

Duas figuras maiores da ciência do Renascimento, Johannes Kepler (1571-1630) e Galileu Galilei (1564-1642), também escreveram sobre apostas e jogos de dados. Mas o próximo grande avanço aconteceria no século seguinte, na França. Essa história fica para outra ocasião.*

---

* Confira a história de Pascal e Fermat no texto "O segredo para ganhar no jogo", na p. 91.

Sophia Brahe, astrônoma, paisagista, historiadora

Uma colega me apresentou o livro *101 mulheres incríveis que transformaram a ciência*, de Claire Philip, que recomendo vivamente à leitora e ao leitor de qualquer idade.

Tenho que confessar que o folheei com algum embaraço. Das cientistas apresentadas, cerca de trinta são matemáticas ou astrônomas, todas com histórias muito interessantes. Como pode ser que, em décadas de vida como matemático, desde sempre interessado em conhecer minha ciência de forma tão ampla quanto possível, eu só tenha ouvido falar de um punhado delas? Em alguns casos, eu até conhecia o sobrenome, mas, admito, por causa de um parente homem...

O dinamarquês Tycho Brahe (1546-1601) foi o último grande astrônomo antes da invenção do telescópio. Durante décadas, fez observações meticulosas das posições dos astros no céu. Seu assistente Johannes Kepler (1571-1630) usou-as para deduzir as famosas três leis do movimento planetário, que, por sua vez, influenciaram a descoberta da lei da gravitação de Isaac Newton (1643-1727). Isso assegura a Brahe um lugar de honra na história da ciência.

Igualmente notável, mas bem menos conhecida, é sua colega e irmã caçula, Sophia Brahe (1559-1643). Nascidos na aristocracia, os irmãos compartilhavam o gosto pela ciência, que a família considerava imprópria a pessoas da classe deles. Sophia estudou química e horticultura com Tycho e, mais tarde, também se interessou pela medicina. Mas o irmão a princípio resistiu a lhe ensinar astronomia, por duvidar que ela conseguisse dominar a área considerada mais complexa (e lucrativa): a astrologia.

Assim, Sophia estudou astronomia sozinha, em livros em alemão ou latim que mandava traduzir às próprias custas, e acabou colaborando com Tycho em suas observações. Estavam juntos em 11 de novembro de 1572, quando descobriram uma nova estrela (a supernova SN1572, na terminologia atual) na constelação de Cassiopeia. Descoberta chocante para a época, pois contradizia o dogma de que a esfera estelar era eterna e imutável.

Sabemos que os dois observaram juntos o eclipse lunar de 8 de dezembro de 1573. O apreço que Tycho desenvolveu pela colega Sophia fica patente em seus inscritos, onde se refere a ela como *animus invictus* ("mente determinada", em latim). Representou Sophia na personagem Urania, a musa grega da astronomia, protagonista do poema épico em latim *Urania titani*, que publicou em 1594. Chegou até a delegar à irmã a tarefa de escrever o horóscopo de seus clientes!

Sophia aplicou seu conhecimento de horticultura na concepção dos jardins do castelo de Trolleholm, que atualmente pertence à Suécia. Nos últimos anos de vida, também escreveu uma genealogia das famílias nobres da Dinamarca, que ainda é uma importante fonte de informação histórica. Faleceu em 1643, na cidade de Helsingor.

O poeta Johan L. Heiberg (1854-1928) expressou como ninguém o quanto os dois irmãos eram próximos: "A Dinamarca não deve esquecer nunca a nobre mulher que, em espírito ainda mais do que em carne e osso, foi a irmã de Tycho Brahe; a brilhante estrela no céu dinamarquês é dupla".

Paradoxos da probabilidade

"Dado" em latim é *alea*, que deu origem a "aleatório". Mas o lançamento de um dado não é aleatório: se soubéssemos o modo exato como o dado é lançado poderíamos, em princípio, calcular o seu movimento e prever qual face sairá. Como isso não é viável na prática, é mais útil pensar que pode sair qualquer uma das seis faces, ao acaso, com igual probabilidade.

Assim, probabilidade tem muito a ver com ignorância: se fôssemos oniscientes, todo evento teria probabilidade 0 (impossível) ou 1 (inevitável). Logo, probabilidades podem mudar a partir de informações adicionais. Um exemplo simples: inicialmente, a de sair a face 5 é ⅙, mas, se alguém nos informar que saiu um número ímpar, essa probabilidade passa a ser ⅓.

Só que por vezes a nova informação é sutil, gerando conclusões contraintuitivas. Os dois exemplos a seguir são especialmente intrigantes.

Um móvel tem três gavetas. Em uma há duas camisetas brancas, em outra, duas camisetas pretas, e na terceira, uma branca e uma preta. Abrimos uma gaveta ao acaso e tiramos uma das duas camisetas ao acaso, sem olhar a outra. A camiseta que tiramos é branca. Qual é a probabilidade de que a outra, que ficou sozinha na gaveta, também seja branca?

Resposta A: as três gavetas são igualmente prováveis, mas sabemos que não escolhemos a que só contém camisetas pretas. Então a probabilidade de termos escolhido a gaveta com duas camisetas brancas é de ½.

Resposta B: as seis camisetas são igualmente prováveis, mas sabemos que não escolhemos a que só contém camisetas pretas. Restam as três brancas, todas com probabilidade ⅓.

Em dois casos, a camiseta companheira também é branca, logo a probabilidade é ⅔. Qual está correta, A ou B?

Andrei foi sorteado para um prêmio, mas precisa escolher entre dois envelopes lacrados idênticos. Cada envelope contém um cheque: Andrei só sabe que o valor de um deles é o dobro do valor do outro. Ele abre um envelope e vê que o cheque é de 100 reais. O que é melhor para maximizar seu ganho: ficar com esse, ou trocar pelo outro?

Resposta C: se ficar, ganha 100 reais. Se trocar, o valor esperado do prêmio é $(50 + 200)/2 = 125$ reais, pois o outro cheque tanto pode ser de 50 como de 200 reais, e as probabilidades dos dois casos são iguais. Logo, é melhor trocar.

Resposta D: por esse raciocínio, deveria sempre trocar, independentemente do valor do primeiro cheque. Então poderia trocar sem nem abrir o envelope... Quer dizer que, seja qual for a escolha inicial do envelope, o melhor é escolher o outro? Isso é absurdo!

Qual resposta está correta, C ou D?

O fascínio dos quadrados mágicos

Melancolia I, de 1514, é uma das gravuras mais famosas do mestre alemão Albrecht Dürer (1471-1528). Ao centro, uma figura feminina alada, que se acredita ser a representação da melancolia, apoia o rosto enigmático e sombrio em uma das mãos. Em volta, objetos do mundo da técnica — compasso, plaina, ampulheta, balança, serra, martelo — e outros, que remetem à matemática e à numerologia. Um deles, situado acima da cabeça da mulher, sempre atrai meu olhar: um quadrado mágico.

Um quadrado mágico de ordem N consiste em um quadrado $N \times N$ preenchido com os números 1, 2, 3, ..., N^2 de tal forma que a soma dos números em cada linha, em cada coluna e em cada diagonal tem sempre o mesmo valor. Esse valor, chamado "constante mágica", é dado pela fórmula $N(N^2 + 1)/2$.

Sabemos que existe essencialmente um único quadrado mágico de ordem 3: todos os demais podem ser obtidos dele por meio de operações simples, como simetrias e rotações. Nesse caso, a constante mágica é 15. Já o quadrado mágico de Dürer é de ordem 4 e, portanto, sua constante mágica é 34.

Existem exatamente 880 quadrados mágicos distintos de ordem 4. O número cresce rapidamente: para $N = 5$ são 275.305.224, e para $N = 6$ passam de 10^{19} (1 seguido de 19 zeros). Na verdade, para ordens maiores do que 5 só temos estimativas grosseiras do número de quadrados mágicos distintos.

O estudo dos quadrados mágicos tem uma longa história. A primeira menção conhecida — um quadrado de ordem 3 — é de 190 a.C., na China. Já o primeiro registro de um quadrado mágico de ordem 4 data de 587 na Índia. A *Enciclopédia dos irmãos da pureza*, publicada em Bagdá em 983, contém exemplos de todas as ordens até 9.

O interesse pelos quadrados mágicos espalhou-se para muitas outras regiões: Japão, Oriente Médio, África e península Ibérica, de onde alcançou a Europa como um todo. No final do século XII, os principais métodos para construir esses quadrados já tinham sido descobertos, mas ainda houve muito progresso no Renascimento e além.

'Melancolia I', gravura de Albrecht Dürer:
note o quadrado mágico 4 × 4 no alto à direita

Em paralelo a esses avanços, também foi diminuindo o caráter místico que cercava esses objetos matemáticos em seus primórdios. Eles mantiveram seu poder de fascinação, particularmente entre os artistas que, como Dürer, incorporaram quadrados mágicos em suas criações. Outro belo exemplo, também de ordem 4, está patente na fachada da espetacular igreja da Sagrada Família, em Barcelona, do arquiteto catalão Antoni Gaudí (1852-1926).

A polêmica dos números negativos

Ao escrever sobre a resolução da equação cúbica pelos matemáticos renascentistas italianos,* mencionei que uma das dificuldades era que na época os números negativos ainda não tinham sido descobertos. Um leitor me escreveu questionando o termo: na opinião dele, a matemática teria sido *criada* pela humanidade, e não *descoberta*.

Essa é uma discussão filosófica fascinante, que está longe de ser resolvida: há bons argumentos a favor de ambas as posições.** A maioria dos matemáticos, incluindo eu mesmo, acredita que as ideias matemáticas têm existência própria no tecido do universo, e que o nosso trabalho consiste em descobri-las. Nesse sentido, a matemática é também uma ciência experimental.

Uma exceção foi o alemão Leopold Kronecker (1823-91), aquele que afirmou num discurso em 1860: "Os números inteiros foram criados pelo senhor Deus, tudo o mais é criação dos homens". Mas ele era um caso extremo: também criticou o colega Ferdinand von Lindemann (1852-1939) por ter provado que π é um número transcendente: "Para que estudar tais questões se os números irracionais nem sequer existem?".

Os números naturais (inteiros positivos) estiveram desde sempre ligados à operação de contagem. Outra operação importante, a medição, levou aos números racionais, dados pelas frações de números naturais. Na Grécia Antiga, o avanço da geometria, em particular o teorema de Pitágoras (séc. VI a.C.), exigiu outra expansão da ideia de número, para incluir os números irracionais.

Pausa para lamentar que o nome dos conjuntos de números seja um desastre: as frações não são nem mais nem menos "racionais" que os demais números. Infelizmente, a terminologia não parou por aí, haja vista os números imaginários, de que falarei em outra ocasião.***

---

* Em "Os duelos da equação cúbica", na p. 64.
** Já discutimos essa questão em "A matemática é criada ou descoberta?", na p. 22.
*** Ver "A saga dos números imaginários", na p. 80.

Os gregos, assim como os antecessores mesopotâmios e egípcios, pensavam apenas em números positivos. Diofanto (*c.* 200-*c.* 284 d.C.) considerava "absurdas" as soluções negativas de equações. Os *Nove capítulos da arte matemática*, publicados na China por volta do ano 200, contêm o primeiro uso documentado dos números negativos: eles são representados por símbolos em preto, e os positivos, em vermelho — ao contrário do Excel!

Nos séculos seguintes, chineses, indianos e árabes aprenderam a realizar operações com esses números. A partir do século VII, indianos e árabes conheciam também as regras para a multiplicação e a divisão. Mas nem por isso havia consenso: Bhaskara (1114-85) dizia que soluções negativas da equação quadrática não são válidas porque "as pessoas não aprovam soluções negativas".

No Ocidente, foi pior. Em meados do século XVIII, o inglês Francis Maseres (1731-1824) ainda defendia que os números negativos "obscurecem toda a teoria das equações e tornam complicadas coisas que são, por natureza, totalmente óbvias e simples". O francês Nicolas Chuquet (1445-88) foi o primeiro europeu a usar os negativos como expoentes. Mas, como muitos outros, ele os chamava de *numeri absurdi,* números absurdos. Já o franciscano Luca Pacioli (1445-1517) usou números negativos para representar dívidas em sua obra *Summa* (1494), que criou o modelo de livro de contabilidade de dupla entrada.

Outro italiano, Rafael Bombelli (1526-72), escreveu as regras de operação que aprendemos na escola ("menos vezes menos dá mais") em sua *Álgebra* (1572). Ele usava *m.* (*minus*) para representar negativo e *p.* (*plus*) para representar positivo. Os sinais – e + que utilizamos hoje se popularizaram ao longo do século seguinte.

A posição de René Descartes (1596-1650) era ambivalente: considerava as soluções negativas de equações como "falsas", mas compreendia como transformar soluções negativas em positivas, e isso o fazia aceitar os números negativos. O inglês John Wallis (1616-1703) tinha ideias estranhas: discordava que negativo fosse menos do que nada, mas achava que era mais do que infinito. Ironicamente, ele foi o primeiro a dar uma interpretação clara dos números negativos, por meio da reta em que os positivos marcam a distância para um lado do zero, e os negativos, para o outro lado.

Gottfried Leibniz (1646-1716) concordava com as objeções aos *numeri absurdi*, mas defendia que ainda assim podiam ser usados, na medida em que davam resultados corretos. Esse pragmatismo já fora adotado por Gerolamo Cardano (1501-76), como comentaremos quando falarmos sobre os números imaginários. Em 1765, Leonhard Euler (1707-83) iniciou a sua *Introdução completa à álgebra* com as operações com números positivos e negativos, voltando à ideia de dívida para explicá-las. Mas a polêmica dos negativos só foi pacificada no século XIX, com a formalização da aritmética. A essa altura, a extensão da ideia de número já estava muito além.

A saga dos números imaginários

No fim do livro *Summa*, publicado em 1494 (seis anos antes da chegada dos portugueses ao Brasil!), Luca Pacioli (1445-1517) escreveu: "No estado atual da ciência, a solução da equação cúbica é tão impossível quanto a quadratura do círculo". Mas, no espaço de uma década, Scipione del Ferro (1465-1526) encontrou um método de resolução da cúbica, que foi logo generalizado por Tartaglia (1500-57), como já vimos. O livro em que a solução da cúbica foi enfim divulgada ao mundo em 1545, *Artis magnae* [A grande arte], do italiano Gerolamo Cardano (1501-76), é uma das três obras científicas mais importantes do Renascimento, ao lado de *De revolutionibus orbium coelestium* [Das revoluções das esferas celestes], de Nicolau Copérnico (1473-1543), e *De humani corporis fabrica* [Da organização do corpo humano], de André Vesálio (1514-64), ambas publicadas em 1543.

Cardano tratou apenas da cúbica especial $x^3 + mx + n = 0$, estudada por Del Ferro, e logo ficou claro que esse caso bastava para resolver qualquer equação cúbica. Já se sabia que a equação quadrática $ax^2 + bx + c = 0$ pode ter duas soluções, uma só ou nenhuma, dependendo do valor do discriminante $b^2 - 4ac$. Se é negativo, os métodos de resolução (a fórmula "de Bhaskara", por exemplo) passam por calcular raízes quadradas de números negativos, na época consideradas expressões sem sentido, e então a equação não tem solução.

A equação cúbica $x^3 + mx + n = 0$ tem comportamento parecido, mas muito mais interessante. Seu discriminante é $m^2/4 + n^3/27$ e, tal como no caso quadrático de que acabamos de falar, o seu sinal determina quantas soluções existem. Quando o discriminante é negativo, a fórmula de Del Ferro contém igualmente raízes quadradas de números negativos. A diferença é que no caso cúbico a equação sempre tem alguma solução!

Como pode a fórmula conter expressões sem sentido mesmo quando há soluções legítimas? Apesar de não entender, Cardano opinou que "devemos fazer as contas assim mesmo", tratando tais expressões como se fossem realmente números. Mas ele não chegou a aplicar essa ideia à equação cúbica, tampouco entendeu sua utilidade.

Foi o também italiano Rafael Bombelli (1526-72) quem criou a teoria dos números imaginários. Em sua obra *L'algebra* [A álgebra], publicada em 1572 (em italiano, e não latim, o que era uma grande novidade), Bombelli chamou a raiz quadrada $\sqrt{-1}$ do número -1 de "mais de menos", e explicou como fazer operações com esse novo tipo de número ("mais de menos vezes mais de menos dá menos"). Bombelli aplicou sua teoria à equação cúbica e explicou como, na situação que intrigara Cardano, é possível obter todas as três soluções "reais" da equação por meio da fórmula de Del Ferro, usando números imaginários. Era mais um caso de os fins (resolver a equação) justificarem os meios; no caso, usar raízes quadradas de números negativos, que, "para a maioria das pessoas, devem parecer uma trapaça".

Esses números continuaram sendo olhados com desconfiança, porque careciam de interpretação física. Desse período, resta a designação lamentável de "imaginários", que sugere — erroneamente — que tais números seriam menos legítimos do que os demais. Ela remonta à obra *A geometria*, publicada em 1637 pelo grande filósofo e matemático francês René Descartes (1596-1650): "Para cada equação podemos imaginar tantas soluções quantas o seu grau sugere, mas em muitos casos a quantidade de soluções é menor do que imaginamos".

Leonhard Euler (1707-83) introduziu o símbolo i para representar a raiz quadrada $\sqrt{-1}$ do número -1, que figura em sua famosa fórmula $e^{i\pi} + 1 = 0$. Carl Friedrich Gauss (1777-1855) também se interessou pelos números $a + bi$, que chamou de "complexos". Ele começou a apontar para a interpretação física desses números, que seria dada por Wessel e Argand.

Em 1797, o norueguês Caspar Wessel (1745-1818) propôs que, assim como os números reais correspondem aos pontos de uma reta, conforme nos ensinou a geometria grega, os complexos são representados pelos vetores no plano. Escrito em dinamarquês, o trabalho de Wessel ficou esquecido durante mais de um século, perdendo o crédito para o artigo em francês divulgado em 1806 por Jean-Robert Argand (1768-1822), com uma proposta semelhante, que resolveu definitivamente a questão da legitimidade dos números complexos. Ironicamente, Argand quase perdeu o crédito também, porque esqueceu de escrever seu nome no artigo!

Mas a grande revanche dos números complexos aconteceu já no século XX, quando a mecânica quântica veio mostrar que eles são indispensáveis para descrever o universo físico. Não é todo dia que nós, matemáticos, descobrimos algo e deixamos aos colegas físicos a tarefa de verificar que está certo!

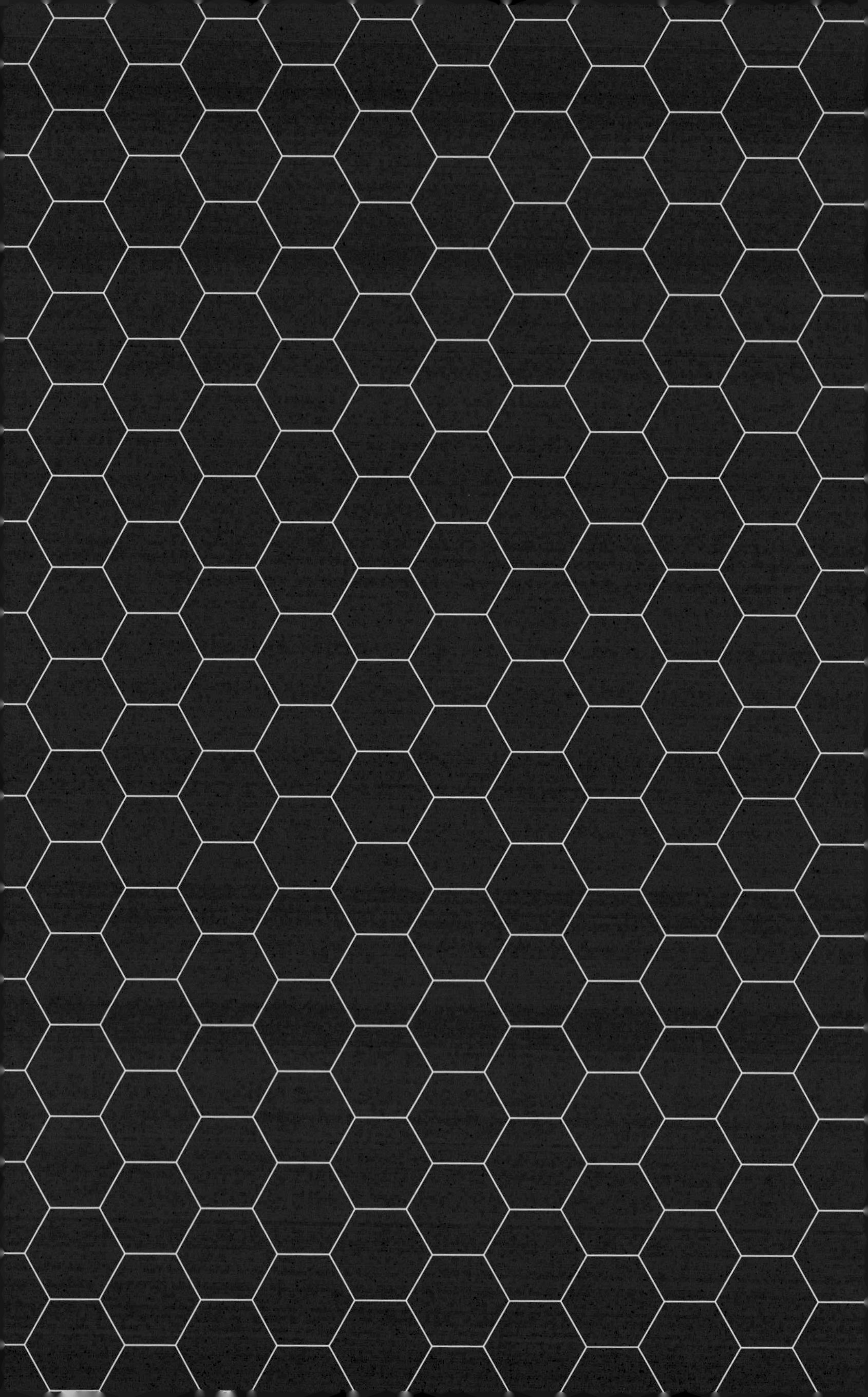

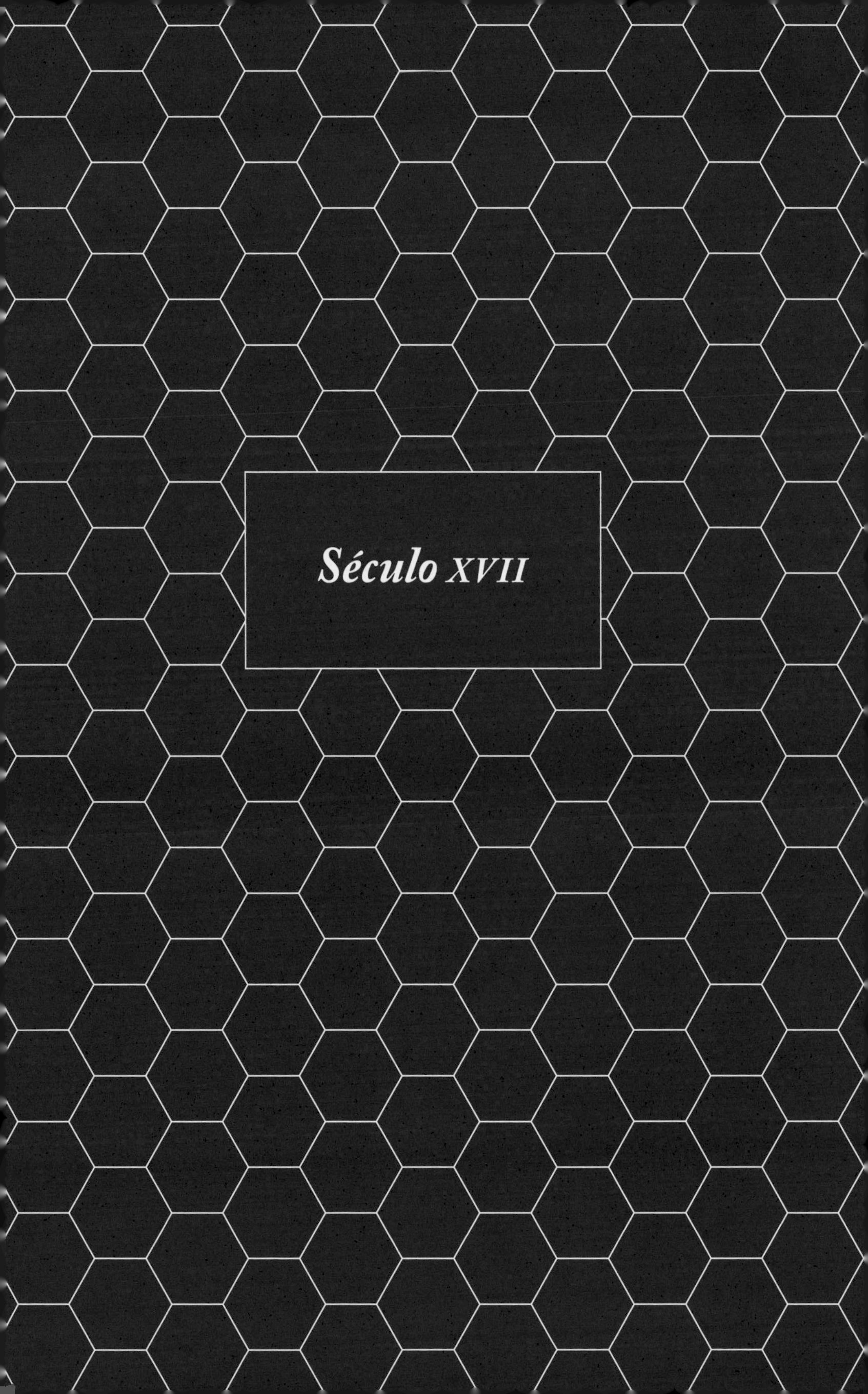

Século XVII

A arte matemática de empacotar laranjas

No início do século XVII, a Inglaterra estava desbancando portugueses, espanhóis, franceses e holandeses para tornar-se o império global. Logo a Marinha Real britânica dominaria os sete mares — com a ajuda de seus canhões, claro. E, dado que o espaço a bordo é escasso, como armazenar no porão o maior número possível de balas de canhão?

O problema chegou até o matemático e astrônomo alemão Johannes Kepler (1571-1630), que o divulgou em um trabalho publicado em 1611: se alguém pretende colocar pequenas esferas idênticas em um recipiente grande (por exemplo, laranjas em uma caixa), como posicioná-las de modo que caiba o maior número possível de esferas?

Um problema parecido, mas um pouco mais fácil, é o seguinte. Pegue um grande número de moedas idênticas e deixe-as deitadas sobre uma mesa. Como organizá-las, sem sobreposição, de forma que caiba o maior número possível de moedas na área disponível?

Testando um pouco, é fácil se convencer de que o melhor deve ser o arranjo hexagonal, em que cada moeda toca seis vizinhas.* Esse arranjo tem densidade de empacotamento (percentagem da área da mesa coberta pelas moedas) de 90%. Joseph-Louis Lagrange (1736-1813) provou em 1773 que isso é o máximo que podemos conseguir se nos restringirmos a configurações regulares, ou seja, caso as moedas se disponham regularmente sobre a mesa. Mas só em 1942 o húngaro László Fejes Tóth (1915-2005) conseguiu estender a prova para configurações quaisquer, possivelmente "bagunçadas".

No caso das laranjas, se elas forem dispostas totalmente ao acaso, a densidade de empacotamento (percentagem do volume da caixa preenchido pelas laranjas) será cerca de 65%. Em 1611, Kepler apontou que é possível fazer melhor, colocando as frutas em uma disposição hexagonal por camadas, como os feirantes fazem em suas barracas, e então a densidade de

---

* As abelhas descobriram esse fato há milhões de anos e vêm usando a descoberta para construir favos com o máximo de mel que é possível armazenar na colmeia. Mas nunca publicaram a prova matemática...

empacotamento é de cerca de 74%. Kepler acreditava que isso era o melhor possível, mas não sabia provar.

Em 1831, Carl Friedrich Gauss (1777-1855) provou a conjectura de Kepler para os arranjos regulares de esferas, mas a extensão da prova para arranjos quaisquer ainda demorou. Apesar de a questão ter sido incluída (em 18º lugar) na famosa lista de 23 problemas apresentada por David Hilbert (1862-1943) no Congresso Internacional de Matemáticos de 1900, praticamente não houve progresso até meados do século XX.

O arranjo hexagonal é a forma mais eficiente de organizar o máximo de pequenos círculos numa dada área. Usando esse arranjo, as abelhas conseguem maximizar o número de favos no espaço disponível na colmeia

Em 1953, Tóth mostrou que o problema pode ser reduzido a um número finito (mas enorme) de cálculos, que estaria ao alcance de um computador suficientemente poderoso. Em 1998, o norte-americano Thomas Hales (n. 1958) anunciou ter realizado tais cálculos. Mas seu trabalho era demasiado longo (250 páginas mais 3 gigabytes de código de computador): os doze consultores encarregados de verificá-lo desistiram após quatro anos de trabalho. Então Hales juntou uma equipe para produzir uma prova formal da conjectura de Kepler que pudesse ser verificada automaticamente por computador. O resultado dessa colaboração foi aceito para publicação em 2017, encerrando finalmente mais de quatro séculos de esforços: 74% é de fato a melhor densidade de empacotamento possível.

A diferença entre o problema das moedas e o problema das laranjas está no número de dimensões dos respectivos espaços. O interior de uma caixa tem 3 dimensões (espaço 3D) porque nele existem três direções perpendiculares:

frente-trás, direita-esquerda e cima-baixo. Já o tampo da mesa é um espaço 2D, porque nele há apenas duas direções perpendiculares: frente-trás e esquerda-direita (a direção cima-baixo não está permitida, porque ela "sai" do tampo da mesa).*

Existem espaços com mais dimensões, embora seja difícil visualizá-los mentalmente. Para começar, segundo a teoria da relatividade de Albert Einstein o universo em que vivemos é 4D: a dimensão extra é o tempo, ou seja, além das três direções que mencionei antes, existe também a direção futuro-passado. Outras teorias físicas atuais, como a teoria das cordas, afirmam que na verdade o universo tem 10 dimensões ou até mais. Do ponto de vista matemático, é possível trabalhar com espaços tendo qualquer número de dimensões, e a questão do empacotamento de esferas pode ser formulada em qualquer desses espaços.

O problema é que não se sabia quase nada sobre essa questão em mais do que 3 dimensões. Pelo menos até 2016, quando a jovem matemática ucraniana Maryna Viasovska (n. 1984), professora da Escola Politécnica Federal de Lausanne, na Suíça, encontrou o arranjo mais eficaz para esferas em 8 dimensões: a densidade de empacotamento é 25%. Logo em seguida, com colaboradores, Viasovska estendeu o método para o caso de 24 dimensões! Por esses trabalhos, em 2022, ela se tornou a segunda mulher na história a ganhar a medalha Fields, o prêmio mais importante do mundo da matemática. Para as demais dimensões, o problema continua não resolvido. Ao menos por enquanto...

A essa altura a querida leitora deve estar com sentimentos contraditórios. Por um lado, a satisfação de ver reconhecida no mais alto nível uma jovem pesquisadora, num mundo em que os homens continuam sendo esmagadora maioria. Por outro, perplexidade perante o que deve parecer um problema bizarro. Empacotar laranjas em 24 dimensões? Fala sério, isso serve para quê?

Mas essa pesquisa não é tão teórica quanto pode parecer, pois a questão do empacotamento de esferas tem aplicações práticas, particularmente na teoria da informação. Uma questão prática importante nessa área é encontrar códigos corretores de erros, que são códigos que permitem detectar erros de transmissão da informação, sempre que ocorram, e corrigi-los automaticamente. Essa questão pode ser formulada como um problema de empacotamento de esferas em certos espaços abstratos com centenas ou até milhares de dimensões. O trabalho de Viasovska e outros pesquisadores ajuda a desenvolver a intuição para atacar essas questões práticas.

* Uma ferrovia é um bom modelo de um espaço 1D: a única direção permitida ao trem é frente-trás.

Primos de Mersenne, visando o infinito

Uns vinte anos atrás, eu estava trabalhando no Instituto de Matemática Pura e Aplicada (Impa) quando notei que o computador estava lento. Rodei um diagnóstico e encontrei um processo de outro usuário. O título, "Mersenne", esclareceu quase tudo: eu já sabia que estava em curso um esforço internacional para encontrar um novo número primo de Mersenne.

Essa tarefa costumava ser confiada a supercomputadores, mas os promotores da iniciativa a tinham transformado em um mutirão: pedaços do cálculo eram rodados em milhares de computadores em volta do mundo. Entre eles o que estava à minha frente, como eu acabava de descobrir. O colega responsável desculpou-se, não achava que fosse atrapalhar, e parou o cálculo na hora. Mas não resistiu a perguntar: "O que você tem para fazer no computador que seja mais interessante do que encontrar um número primo com 1 milhão de dígitos?".

Marin Mersenne (1588-1648) foi um monge erudito francês com invulgar diversidade de interesses científicos. Foi descrito como "o centro do mundo da ciência e da matemática na primeira metade do século XVII". Hoje em dia é lembrado, sobretudo, pelos números de Mersenne, aqueles que têm a forma 2^n-1 para algum inteiro n.

Não é difícil mostrar que 2^n-1 só pode ser primo se n for primo, mas a recíproca é falsa: 11 é primo e, no entanto, $2^{11}-1$ é igual a 2047, que não é primo (isso já fora observado por Hudalricus Regius em 1536). Não sabemos se existe um número infinito de primos de Mersenne, e muitas outras perguntas permanecem sem solução. No entanto, há métodos muito mais eficazes para testar a primalidade de 2^n-1 do que para outros números. Por essa razão, de longa data o recorde de maior primo conhecido vem sendo detido por um primo de Mersenne.

Esse recorde acaba de ser quebrado com a descoberta do 51º primo de Mersenne, que corresponde a n = 82.589.933 e tem 24.862.048 dígitos! Mais uma vez, foi o resultado de um esforço coletivo, chamado Grande Busca por Primos de Mersenne na Internet (GIMPS, na sigla em inglês), com o passo decisivo sendo alcançado em 7 de dezembro de 2018 por Patrick Laroche (n. 1986), profissional de TI que trabalha na Flórida.

A busca por primos cada vez maiores tem aplicações práticas, por exemplo, na criptografia (que está baseada no fato de que decompor um número em fatores primos é um problema difícil, se os primos forem grandes) e nos testes de hardware e software. Ela também colabora na resolução de perguntas matemáticas sobre números primos. Por exemplo, a GIMPS encontrou nos últimos anos três vezes mais primos de Mersenne do que se esperava nessa faixa. Será que a teoria precisa ser ajustada?

Para a maioria dos participantes, inclusive aquele meu colega do instituto, tenho certeza de que a grande motivação é simplesmente aprender, ir além, chegar aonde ninguém esteve antes. Afinal, existe algo mais interessante para fazer?

O x da questão

No ótimo vídeo *Romanos*, o grupo humorístico Porta dos Fundos faz piada com o fato de a letra *x* ser usada de muitas maneiras diferentes em matemática: incógnita da equação, símbolo de multiplicação e até 10 em numeração romana.

O hábito de usar as últimas letras do alfabeto (*z*, *y*, *x*...) como incógnitas e as primeiras (*a*, *b*, *c*...) para representar quantidades conhecidas começou no livro *A geometria*, publicado em 1637 pelo matemático e filósofo francês René Descartes (1596-1650). Ele não deu nenhuma explicação, e o assunto é motivo de discussão até hoje. Mas a razão de *x* ter prevalecido sobre *y* e *z* é conhecida, e muito curiosa. Ao compor o livro para impressão, o tipógrafo notou que alguns tipos (letras) estavam acabando. Como Descartes disse que não importava qual dos três usar em cada caso, o tipógrafo priorizou o *x* nas equações, porque *y* e *z* são mais utilizados nas palavras em francês.

O *x* como símbolo de multiplicação foi usado em *Chave da matemática*, obra do inglês William Oughtred (1574-1660) publicada em 1631. O mesmo já acontecera em 1618, num apêndice anônimo à tradução do latim para o inglês da obra *Descrição da admirável tabela de logaritmos*, do escocês John Napier (1550-1617). Mas acredita-se que o próprio Oughtred tenha sido o autor desse apêndice. Oughtred também foi o primeiro a usar um par de réguas deslizantes com escalas logarítmicas para fazer multiplicações e divisões, em 1622. Essas réguas tinham sido inventadas por outro inglês, Edmund Gunter (1581-1626). A "régua de cálculo" foi ferramenta obrigatória de engenheiros e cientistas até a década de 1970, quando foi gradualmente substituída pela calculadora científica eletrônica.

Gottfried Wilhelm Leibniz (1646-1716) concordava com o pessoal do Porta dos Fundos, por isso defendia o uso de um ponto (·) para representar a multiplicação. "Não gosto do símbolo × para a multiplicação, porque se confunde facilmente com a incógnita *x*. Em geral, eu uso um ponto para indicar a multiplicação e dois pontos para a divisão", escreveu em carta a Johann Bernoulli (1667-1748) datada de 29 de julho de 1698.

Matemáticos também costumam indicar a multiplicação simplesmente justapondo as duas quantidades, sobretudo quando elas estão representadas por letras. Por exemplo, *ab* representa o produto do número *a* pelo número *b*. É prática antiga, já observada em manuscritos hindus dos séculos VIII a X, e em textos árabes do século XV.

O segredo para ganhar no jogo

Dizem que "sorte no jogo, azar no amor", mas o francês Antoine Gombaud (1607-84), que se intitulava Chevalier de Méré para parecer nobre, era muito bem-sucedido nas duas atividades. Também gostava de matemática e um dia, em 1654, deparou com o seguinte problema.

Dois apostadores combinaram jogar uma série de partidas de cara ou coroa à melhor de 7 (ganha o primeiro que alcançar 4 vitórias), mas tiveram que interromper quando um deles tinha 1 vitória e o outro tinha 3. Qual é o modo mais justo de dividir o dinheiro apostado? A divisão deveria ser baseada na probabilidade de vitória de cada um deles, mas Gombaud não sabia fazer esse cálculo, e por isso consultou seu compatriota Blaise Pascal (1623-62), matemático, físico e filósofo.

Pascal percebeu que os métodos matemáticos para resolver a questão ainda teriam que ser descobertos, e que eles teriam inúmeras aplicações práticas. Inseguro sobre como avançar, apelou para outro compatriota, o próspero advogado Pierre de Fermat (1601-65), que nas horas vagas se dedicava à matemática. Juntos, os dois descobriram as leis fundamentais do acaso que estão na base da teoria moderna da probabilidade, indo muito além do trabalho de Gerolamo Cardano no século anterior.

Entre os conceitos mais importantes introduzidos por Pascal e Fermat está a noção de "valor esperado", que é o valor E que, na média, o apostador irá ganhar (E positivo) ou perder (E negativo) cada vez que fizer a aposta. Por exemplo, se o jogo é lançar um dado, e o apostador ganhar 36 reais se sair o número 6 (probabilidade de $1/6$), e perder 6 reais se sair outro número (probabilidade de $5/6$), então $E = (1/6) \times 36 + (5/6) \times (-6) = 1$ real. Este valor é positivo, logo o jogo é vantajoso para o apostador.

Seria de esperar que pessoas só fizessem apostas com E positivo. Mas praticamente todos os jogos de azar (como loterias, corridas de cavalos, bingos, bets e jogos de cassino) têm valor esperado negativo: o jogador tem mais chances de perder do que de ganhar! Não é à toa que uma das canções da banda de rock irlandesa U2 ensina que "todo jogador sabe que é para perder que se aposta".

E é fácil perceber por quê: os custos de organizar o jogo e o lucro de quem organiza são sempre às custas do apostador. Por exemplo, na Mega-Sena o valor esperado da aposta simples (que custa 3,50 reais) é -2,30 reais, porque cerca de 68% do dinheiro apostado vai diretamente para o governo. Matematicamente, a Mega-Sena é uma furada para o apostador!

Mas está longe de ser o único caso. Na tradicional roleta francesa, por exemplo, há 37 casas numeradas. Os jogadores podem apostar em qualquer uma, menos na de número 0: quando a bola cai lá, o dinheiro vai para o cassino. Por isso, o valor esperado da roleta é negativo, cerca de -2,7%. Pode não parecer muito, mas são coisas assim que fazem de cassinos um dos negócios mais rentáveis que existem: basta observar lugares como Las Vegas ou Macau para constatar o poder extraordinário de gerar lucro para quem controla o jogo.

Há outra grande vantagem da casa sobre quem aposta. A cada vez que a roleta gira, o resultado é imprevisível. Mas, de acordo com a lei dos grandes números, descoberta pelo matemático suíço Jacob Bernoulli (1654-1705), após um grande número N de vezes é garantido que a bola terá caído cerca de $N/37$ vezes em cada casa, inclusive a número 0. O lucro do cassino é completamente previsível.

Outro irlandês, George Bernard Shaw (1856-1950), prêmio Nobel de Literatura em 1925, expressou a ideia muito bem: "Quem faz 1 milhão de apostas [o cassino], enquanto o indivíduo só pode fazer uma ou duas, não corre nenhum risco financeiro, pois o que acontece em um milhão de apostas é garantido, ainda que ninguém possa prever o que acontecerá em cada uma delas". Polêmico, Shaw concluía que a existência do jogo é "o mais perverso crime contra a sociedade"...

Então por que alguém aposta em condições desvantajosas? Em alguns casos é pela diversão, pela adrenalina. Dona Isaura, minha mãe, jogou na loteria de Natal durante anos, pela brincadeira, garantindo que sabia que não ganharia (claro que sempre teve uma ponta de esperança; mas não, nunca ganhou mesmo). Outras vezes, é por desconhecimento, por não entender quão adversas são as probabilidades. Aliás, é bem sabido hoje em dia que muitas decisões humanas não são racionais, não estão baseadas na matemática: avanços nessa área renderam a Richard Thaler (n. 1945) o prêmio Nobel de Economia de 2017.

Nada disso quer dizer que seja impossível ganhar dinheiro com apostas. Cardano era jogador bem-sucedido, e anos atrás os jornais divulgaram o caso do britânico Elliot Short, que teria ganhado 20 milhões de libras apostando em cavalos. Só que, em qualquer um desses casos, os ganhos não foram em cima de cassinos ou jóqueis-clubes, e sim em cima de outros apostadores, que não entendiam a matemática do jogo.

Em resumo: o segredo para ganhar no jogo é apostar contra trouxas que saibam menos matemática!

A mais famosa das questões matemáticas

A *Aritmética* de Diofanto de Alexandria, grego do século III, é uma das obras mais influentes e profícuas da matemática. Originalmente, consistia em treze "livros" (capítulos) dedicados ao estudo de equações matemáticas em que as soluções são números inteiros — hoje chamadas equações diofantinas. No entanto, só seis desses textos eram conhecidos em 1621, quando o matemático e poeta francês Claude Bachet (1581-1638) publicou uma tradução comentada para o latim (outros quatro livros foram descobertos em 1968, na biblioteca de um templo no Irã). A tradução de Bachet teve papel singular na história da teoria dos números.

Foi nas suas margens que, por volta de 1637, Pierre de Fermat (1607-65) escreveu que a equação $A^N + B^N = C^N$ não tem soluções inteiras positivas quando N é um inteiro maior do que 2: "Encontrei uma prova realmente maravilhosa desse fato, mas a margem é demasiado estreita para contê-la". A anotação foi encontrada depois de sua morte, e por mais de três séculos os matemáticos lamentaram amargamente que a margem não fosse maior, pois ninguém conseguiu encontrar a prova que Fermat afirmava ter.

Na origem do problema está o teorema de Pitágoras, que todos conhecemos da escola: "Em qualquer triângulo retângulo, se A e B forem os comprimentos dos lados menores (catetos) e C for o comprimento do lado maior (hipotenusa), então $A^2 + B^2 = C^2$". Esse teorema leva o nome do filósofo grego Pitágoras (570 a.C.-*c.* 500 a.C.) porque ele pode ter sido o primeiro a prová-lo matematicamente. Mas o enunciado já era conhecido muito antes, pelas grandes civilizações da Mesopotâmia e do Indo.

Euclides, que viveu nos séculos IV a.C. e III a.C., meio milênio antes de Diofanto, já conhecia uma fórmula que dá soluções da equação $A^2 + B^2 = C^2$ em que A, B e C são números inteiros positivos tais como, por exemplo, ($A = 3$, $B = 4$, $C = 5$) e ($A = 5$, $B = 12$, $C = 13$). Essa fórmula garante que o número de triplas pitagóricas, como são chamadas tais soluções, seja infinito. A afirmação de Fermat significa que, se trocarmos o expoente 2 por qualquer inteiro maior, N passa a não ter nenhuma solução.

Advogado, juiz e matemático, Fermat também exibia uma erudição fora do comum em muitos outros assuntos. Entre suas descobertas mais importantes conta-se a lei — o princípio de Fermat — segundo a qual a luz se desloca de um ponto a outro pelo caminho que minimiza a duração do trajeto. Ela está na origem de uma das leis mais fundamentais da física: o princípio da mínima ação (ou "lei do menor esforço", em linguagem coloquial).

Fermat também fez descobertas importantes no cálculo — Newton reconheceu ter sido inspirado por ele — e é considerado o criador da teoria dos números moderna. Ele mesmo provou o caso $N = 4$ de sua famosa afirmação, e outros casos particulares seriam provados depois. Mas a tentativa de provar o caso geral, ou seja, de encontrar um argumento que valha para todos os valores de N maiores que 2, resistiu aos esforços de muitos dos melhores matemáticos por mais de trezentos anos. Em 1983, o alemão Gerd Faltings (n. 1954) provou que, se houver soluções inteiras da equação $A^N + B^N = C^N$ com N maior do que 2 então, essencialmente, elas são em número finito.

Por esse trabalho, Faltings ganhou a medalha Fields, a mais prestigiosa premiação da matemática, em 1986. Durante muito tempo, o "teorema" de Fermat podia ser considerado mera curiosidade matemática, que instigava a curiosidade por ser tão fácil de formular e tão difícil de provar. Porém isso mudou radicalmente na segunda metade do século XX, quando foram descobertas relações profundas com muitas outras questões importantes em matemática.

Em 23 de junho de 1993, o matemático britânico Andrew Wiles (n. 1953) deu uma palestra na Universidade de Cambridge, discretamente intitulada "Curvas elípticas e a representação de Galois". A audiência aplaudiu de pé: Wiles acabava de anunciar que provara o teorema de Fermat!

Era o ápice de um esforço solitário que começara sete anos antes, quando Wiles decidira se dedicar a esse problema. A edição seguinte do Congresso Internacional de Matemáticos (ICM, na sigla em inglês), onde são dadas as medalhas Fields, teria lugar na Suíça, em 1994, quando Wiles já estaria com 41 anos. Será que a União Matemática Internacional (IMU) quebraria a tradição de só conceder a medalha a matemáticos com até 40 anos?

Em setembro de 1993, porém, foi descoberto um erro grave na prova... Wiles demorou um ano para consertá-lo, e os trabalhos com a prova corrigida só foram publicados em 1995. O problema mais famoso da matemática estava, enfim, resolvido! Um feito notável — mas a oportunidade para a medalha Fields tinha definitivamente passado.

No ICM de 1998, em Berlim, a IMU fez uma homenagem especial a Wiles, por meio de uma placa de prata (curiosidade: a placa foi desenhada e fabricada no Brasil). Na entrega, o presidente da União brincou, dizendo que "infelizmente a placa é demasiado pequena para conter a prova": os trabalhos de Wiles sobre o teorema de Fermat têm mais de 120 páginas!

É curioso que Fermat não tenha sido o único a fazer anotações nas margens da *Aritmética*. O estudioso bizantino Janos Chortasmenos (1370-1437) escreveu na mesma página: "Que tua alma esteja com Satanás, Diofanto, pela dificuldade dos teus teoremas, especialmente este aqui". Em outro ponto da *Aritmética*, Bachet apontou que Diofanto parecia achar que todo inteiro positivo pode ser escrito como uma soma de quatro quadrados perfeitos, ou seja, quatro números da forma n^2 onde n é um inteiro (por exemplo, $42 = 2^2 + 2^2 + 3^2 + 5^2$). Bachet escreveu que conferiu esse fato para todos os inteiros até 325, e que gostaria de ver uma prova de que ele é sempre verdade.

Fermat leu a questão com atenção e encontrou uma prova. Pelo menos foi o que contou em várias cartas escritas nas décadas de 1630 a 1650. Aliás, foi mais além, afirmando que todo inteiro é a soma de três números triangulares, quatro números quadrados, cinco números pentagonais, seis números hexagonais e assim sucessivamente.

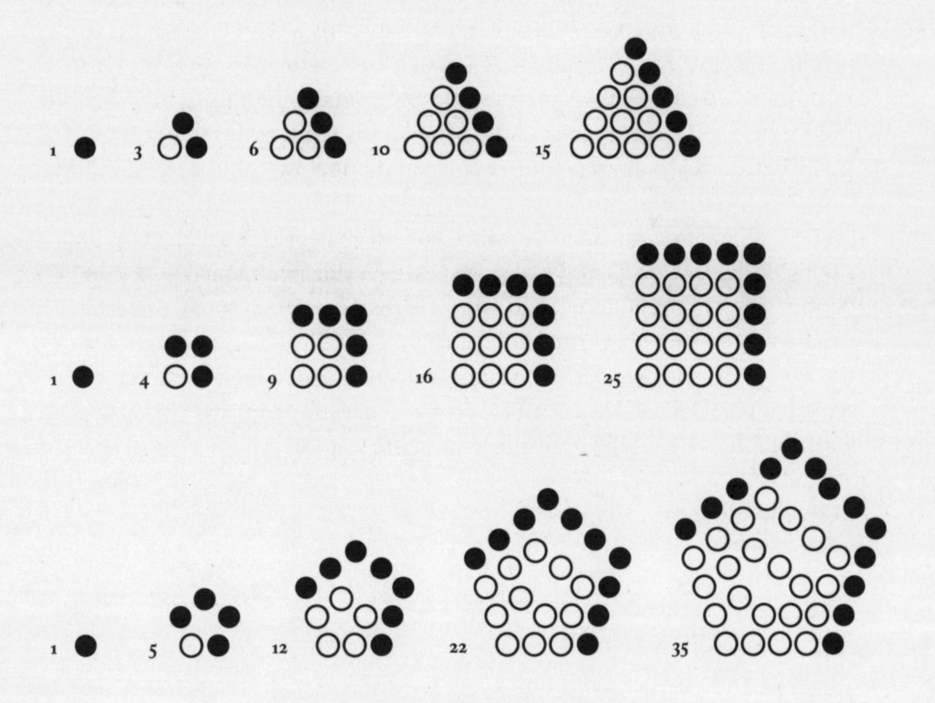

Representação dos primeiros números triangulares, quadrados e pentagonais

Chamamos triangulares aos números da forma $N_3(n) = 1 + 2 + 3 + \ldots + (n - 1) + n$, ou seja, as somas dos primeiros inteiros positivos. Pode mostrar-se que $N_3(n) = n(n + 1)/2$. Os números quadrados são os quadrados perfeitos, ou seja, os números da forma $N_4(n) = n^2$. Para $l = 5, 6\ldots$ chamamos números l-gonais aos números da forma $N_l(n) = (l - 2)n(n - 1)/2 + n$. A razão de ser dessa denominação é que tais números podem ser organizados na forma de um polígono com l lados.

Para variar, Fermat não publicou o raciocínio, mas nesse caso os historiadores acreditam que ele sabia mesmo provar esse belo resultado. A partir de 1730, Leonhard Euler (1707-83) interessou-se pela questão dos quatro quadrados, obtendo avanços parciais. Mas a solução completa só foi alcançada em 1770, por Joseph-Louis Lagrange (1736-1813) — atualmente, o resultado é chamado teorema de Lagrange. No ano seguinte, Euler publicou um trabalho em que parabenizava o colega francês e apresentava outra solução.

A questão dos três números triangulares foi provada por Carl Friedrich Gauss (1777-1855) em 10 de julho de 1796. Sabemos a data exata porque ele anotou no diário: "*Eureka!* num = Δ + Δ + Δ". A afirmação geral de Fermat (para números triangulares, quadrados, pentagonais, hexagonais etc.) foi finalmente resolvida em 1813 por Augustin-Louis Cauchy (1789-1857).

Este curioso texto aparece numa coleção de quebra-cabeças do século V:

> Aqui jaz Diofanto, vejam que maravilha. Por arte matemática, a pedra nos diz a duração de sua vida. Deus lhe deu um sexto da vida por infância. Mais um duodécimo por juventude, quando surge a barba. Um sétimo mais e começou o tempo do casamento. Cinco anos passaram e um filho chegou. Tragédia, o herdeiro foi levado pelo destino quando tinha por idade a metade da vida de seu sábio pai. Depois de se consolar com a ciência dos números por quatro anos mais, terminou Diofanto enfim sua existência.

Com que idade morreu Diofanto?

O comerciante que inventou a estatística

Em espanhol, estatística diz-se *estadística*, o que ajuda a lembrar que se trata da "ciência de governar", dedicada a todas as questões de interesse do Estado. Seria de esperar que fosse ciência antiga, mas remonta apenas ao século XVII. Foi inaugurada por John Graunt, comerciante, no seu livrinho *Observações naturais e políticas sobre as listas de mortalidade*. Foi a primeira tentativa, bastante simples, de analisar fenômenos biológicos e sociais a partir de dados numéricos. Graunt nasceu em 1620. Seu pai tinha um armarinho, vendia agulhas e botões. O filho juntou-se ao negócio, com sucesso, o que lhe permitiu se dedicar a interesses intelectuais pouco comuns a um pequeno comerciante. Segundo o biógrafo John Aubrey, "era pessoa dedicada e trabalhadora, que acordava cedo para realizar seus estudos antes de abrir a loja".

Nas *Observações*, ele analisa as tabelas de nascimentos e mortes em Londres, divulgadas semanalmente pelas 122 paróquias da capital. Graunt começa por indagar por que se publicam tais informações, com indicação das causas de morte. "A razão que me parece mais óbvia é para que o estado de saúde da cidade possa ser conhecido a todo o momento", responde, com notável senso comum. Ele observa que há mais funerais de homens do que mulheres: "A razão de ser disso não tentaremos conjecturar, apenas desejamos que viajantes indaguem se o mesmo acontece em outros países". Pondera que "a arte de governar, e a verdadeira política, é manter os cidadãos em paz e prósperos", concluindo que o conhecimento da saúde da população "é necessário para um governo bom e confiável, que equilibre os partidos e facções, tanto na Igreja quanto no Estado".

O rei, Charles II (1630-85), ficou tão impressionado com as *Observações* que recomendou que Graunt fosse eleito membro da Royal Society, a recém-formada academia de ciências da Inglaterra. Prevendo resistências, por tratar-se de um mero dono de loja, orientou explicitamente que, caso encontrassem outros comerciantes de tal valor, todos fossem escolhidos. John Graunt entrou na Royal Society em 1662. Morreria em Londres doze anos depois, "lamentado por todos os homens bons que tiveram a felicidade de conhecê-lo", escreveu Aubrey.

A notável família Bernoulli

Progressos recentes na neurologia mostram que o cérebro humano é uma estrutura plástica, que pode ser moldada de forma profunda. O cérebro à nascença importa muito menos do que o modo como é reorganizado ao longo da infância e da juventude, por meio da aprendizagem. Então, ninguém nasce "de exatas" ou "de humanas", isso é determinado pela educação.

Certamente por isso, a vocação matemática é bem menos hereditária do que se imagina. O francês Jacques-Louis Lions (1928-2001) foi excelente matemático, e seu filho Pierre-Louis (n. 1956) é detentor da medalha Fields. Mas tais situações são raras. Curiosamente, conheço mais casos em que a vocação "passou" de sogro para genro. Existem até dinastias: Jacques Hadamard (1865-1963) foi sogro de Paul Lévy (1886-1971), que foi sogro do medalhista Fields Laurent Schwarz (1915-2002), que por sua vez foi sogro de Uriel Frisch (n. 1940). Não tenho nenhuma explicação razoável para esse fenômeno.

Mas a matemática tem pelo menos uma grande família. Originários da Bélgica, os Bernoulli emigraram para a cidade suíça da Basileia, onde nasceu a primeira geração que nos interessa. De quatro irmãos (e seis irmãs), dois alcançaram renome na matemática: Jacob (1654-1705) e Johann (1667--1748). Daniel (1700-82), filho de Johann, foi outro matemático de primeiro nível. Seu primo Nicolaus I (1687-1759), seus irmãos Nicolaus II (1695-1726) e Johann II (1710-90), e os filhos deste, Johann III (1744-1807) e Jacob II (1759-89), também fizeram contribuições significativas à matemática. Muitos matemáticos (foi o meu caso durante bastante tempo...) pensam que Bernoulli foi uma única pessoa, extremamente prolífica.

Os trabalhos dos Bernoulli tratam de temas importantes e muito diversos. Jacob fez avanços pioneiros na teoria da probabilidade — a lei dos grandes números, os processos de Bernoulli —, além de ter descoberto a constante *e* e os números de Bernoulli. Johann trabalhou em equações diferenciais (equação de Bernoulli) e no cálculo das variações. Daniel formulou o princípio de Bernoulli da hidrodinâmica, além de ter estudado o paradoxo de São Petersburgo, um importante problema em probabilidade e economia (teoria da decisão) formulado por Nicolaus I.

Os Bernoulli eram extremamente talentosos, mas não eram uma família simples. Havia ciúme enorme entre Jacob e Johann. Depois que este último ficou famoso, Jacob declarava que ele havia sido seu aluno, o que irritava o irmão. Os dois brigaram por causa da solução do problema isoperimétrico e pararam de se falar em 1697. Jacob desconfiava que Johann queria seu emprego na Universidade da Basileia, o que ele realmente conseguiria após a sua morte.

O problema isoperimétrico pode ser resumido a esta pergunta: qual é a maior área que podemos limitar com uma curva de comprimento dado? Ele remonta à lenda da princesa fenícia Dido, contada pelo romano Virgílio (séc. I a.C.) no poema épico *Eneida*. Fugindo de sua cidade natal, Tiro, Dido chega ao Norte da África, onde precisa encontrar abrigo. Astuciosa, faz um pedido modesto ao rei local: que lhe conceda a terra que ela conseguir conter numa pele de boi. O rei aceita. Dido corta a pele em tiras muito finas, que usa para formar uma corda. Com ela cerca uma grande área de terra, onde funda a cidade de Cartago, que se tornaria a maior rival de Roma.

A solução desse problema — a área é máxima quando a curva é uma circunferência — marca a criação de um novo campo na matemática, o cálculo das variações. Johann resolveu rapidamente (gabou-se de que só precisou de três minutos), mas a solução estava errada. Jacob não deixou passar a oportunidade para ridicularizar o irmão publicamente, o que acabou de vez com a relação entre eles. Johann também se envolveu em controvérsias com o próprio filho. Em 1738, Daniel publicou um livro sobre hidrodinâmica. Seu pai, Johann, publicou outro livro sobre o mesmo tema, usando as ideias de Daniel, mas com data anterior, afirmando que o filho o tinha plagiado!

Johann também entrou em disputa com o nobre francês Guillaume François Antoine, o marquês de L'Hôpital (1661-1704), seu patrocinador a partir de 1694. O marquês pagava a Johann um bom honorário para que o informasse sobre suas descobertas na teoria do cálculo, as quais ele não poderia contar para mais ninguém. Dois anos depois, o marquês publicou o livro *Análise dos infinitamente pequenos com aplicações às linhas curvas*, que se tornou um enorme sucesso. Entre outros resultados, contém a famosa regra de L'Hôpital para cálculo de limites $0/0$ ou ∞/∞. No prefácio, o autor agradece a Gottfried Wilhelm Leibniz (1646-1716) e aos Bernoulli, especialmente a Johann.

Depois da morte do marquês (quando o honorário já não era mais pago...), Johann veio a público afirmar que o livro era uma cópia exata das notas de aula que ele próprio tinha dado a L'Hôpital. Depois do papelão com Daniel, os historiadores não acreditaram, claro. Inclusive porque o talento de L'Hôpital não estava em causa. Até que, nos anos 1920, foi encontrada na Universidade da Basileia uma cópia das notas de Johann!

O matemático mais prolífico da história

Leonhard Euler é um dos grandes matemáticos da história e certamente o mais prolífico de todos os tempos. Seus trabalhos contêm inúmeras contribuições fundamentais a diversas áreas da matemática (da teoria dos números à probabilidade), da física (acústica, ótica), da astronomia (do movimento dos planetas e cometas à geofísica e ao estudo das marés), da mecânica (da teoria dos corpos rígidos à ciência naval), da lógica, da filosofia e até da música. As obras "completas" de Euler foram publicadas no século XIX, mas o trabalho ficou muito insatisfatório, o que motivou a Academia de Ciências da Suíça a empreender um esforço mais consistente para reunir todos os escritos do matemático. Iniciado em 1904, esse projeto já lançou 85 volumes e ainda não está concluído.

Euler nasceu na cidade suíça da Basileia em 15 de abril de 1707. Foi contemporâneo e próximo de vários membros da família Bernoulli, especialmente de Daniel (1700-82), com quem manteve amizade ao longo de toda a vida. Após ter terminado o doutorado, em 1726, Euler tentou obter uma posição como professor na Universidade da Basileia, mas sem sucesso. Também participou do famoso concurso de solução de problemas matemáticos promovido pela Academia de Ciências de Paris, ficando em segundo lugar — concurso que viria a ganhar doze vezes ao longo da vida.

Por essa altura, Daniel Bernoulli tornou-se membro da Academia de Ciências de São Petersburgo, então capital da Rússia, e recomendou à instituição o amigo Leonhard, para a cátedra de Fisiologia. Desapontado com o insucesso em sua cidade natal, Euler aceitou o convite da imperatriz Catarina I (1684-1727) e chegou a São Petersburgo em maio de 1727. Muitas de suas grandes descobertas datam do período que se seguiu.

A morte de Catarina, sucedida por seu filho e desafeto Pedro II (1715-30), piorou a situação política dos cientistas, sujeitos à hostilidade da facção tradicionalista ligada ao novo imperador. Desapontado, Daniel Bernoulli voltou para a Suíça em 1733, sendo sucedido, na chefia da divisão de Matemática da Academia de Ciências, por Euler, que no ano seguinte se casaria com Katharina, a filha de um pintor da academia.

Sua descoberta mais conhecida do público, obtida por volta de 1740, é a fórmula que leva seu nome: $e^{i\pi} + 1 = 0$. Essa belíssima relação usa os símbolos mais notáveis da matemática ($\pi = 3{,}1415\ldots$; a constante de Euler-Napier $e = 2{,}7182\ldots$; a unidade imaginária $i = \sqrt{-1}$; e os números 0 e 1, com os quais se constroem todos os outros) numa única igualdade que liga a aritmética, a álgebra, a geometria e a análise.

Em 1758, Euler observou que os números F de faces, A de arestas e V de faces de um poliedro (sólido geométrico) convexo sempre satisfazem a igualdade $F - A + V = 2$. Por exemplo, no cubo $F = 6$, $A = 12$ e $V = 8$, e vemos que $6 - 12 + 8 = 2$. Provas alternativas desse fato foram dadas por matemáticos do calibre de Adrien-Marie Legendre (1752-1833) e Augustin-Louis Cauchy (1789-1857), que também apontaram que a igualdade pode falhar se o poliedro não for convexo. Apesar desses avanços, a descoberta de Euler não passava de curiosidade até a década de 1890, quando Henri Poincaré (1854-1912) revelou seu significado profundo e a tornou a base de uma nova disciplina matemática: a topologia algébrica.

Em 1760, Euler obteve um importante critério geral de exatidão para equações diferenciais de qualquer ordem. Submeteu o trabalho à Academia de Ciências de São Petersburgo, mas a publicação só ocorreu seis anos depois. No meio-tempo, ele mencionou a descoberta, sem prova, em sua correspondência com Jean le Rond d'Alembert (1717-83), o qual informou Joseph-Louis Lagrange (1736-1813), o marquês de Condorcet (1743-94) e outros. Em 1765, o jovem Condorcet publicou uma prova, sem mencionar Euler.*

Chateado, mas sem graça de intervir diretamente, Euler insistiu com Lagrange, que era próximo de Condorcet, para que pressionasse este a reconhecer a origem do resultado. Receoso de arruinar a carreira do amigo, Lagrange enrolou Euler. A verdade sobre o teorema de Condorcet só veio a ser conhecida em 1980, quando essas cartas foram publicadas.

A família permaneceu em São Petersburgo até junho de 1741, quando Euler aceitou uma oferta irrecusável do rei da Prússia, Frederico, o Grande (1712-86), para assumir a direção de Matemática na Academia de Ciências de Berlim. Lá ficaria por quase duas décadas. Foi um período muito produtivo de sua vida científica. Mas, desprovido de senso de humor e interessado apenas por números e figuras, o matemático nunca se encaixou na brilhante e sofisticada corte de Frederico.

Entre as obrigações de Euler estava educar a princesa Friederike Charlotte (1745-1808), sobrinha do rei. Ele lhe escreveu mais de duzentas cartas sobre temas de matemática e física, que foram depois coletadas e publicadas na forma de livro. As *Cartas de Euler a uma princesa alemã* evidenciam

---

* Sobre outro aspecto do trabalho de Condorcet, ver "A matemática a serviço da sociedade", na p. 122.

sua notável capacidade para comunicar ciência em linguagem acessível, e tornaram-se muito populares na Europa e nos Estados Unidos.

Frederico, um dos mais brilhantes monarcas do Iluminismo, era culto, sofisticado, infatigável, excelente administrador e um dos maiores generais de sua época. Suas conquistas expandiram o reino, alçando a Prússia à condição de uma das principais potências mundiais. Em paralelo, reuniu em Berlim muitas das melhores mentes da ciência, arte e cultura. O filósofo, historiador e escritor francês Voltaire (1694-1778) ocupava lugar de prestígio na corte de Frederico, que apreciava a eloquência e a mordacidade do francês. Euler era o oposto: simples, religioso, mal informado fora da matemática, nunca questionava as normas e entrava em discussões sobre temas que conhecia mal, o que o expunha a chacota.

O rei ficou especialmente desapontado com a falta de habilidades práticas do matemático. "Eu queria um chafariz e pedi a Euler que calculasse a força das rodas necessária para elevar a água até o reservatório. O aparelho foi planejado geometricamente e não conseguia erguer nem um gole de água. Vaidade das vaidades! Vaidade da geometria!" Em sua correspondência, ele se refere a Euler como "o ciclope", estigma cruel com a cegueira do olho direito, ocorrida ainda na Rússia. Na sequência de uma catarata no olho esquerdo, em 1766 o matemático ficou totalmente cego, aos 59 anos de idade. Isso não afetou sua produtividade: em 1775 ele publicou um artigo matemático por semana!

Por volta de 1763, enquanto a Guerra dos Sete Anos assolava a Prússia e outras partes da Europa, a situação na Rússia tinha melhorado. O poder fora tomado por uma ambiciosa princesa alemã que estava a ponto de se tornar a imperatriz Catarina, a Grande (1729-96). A convite dela, Euler decidiu voltar para São Petersburgo. Foi sua última mudança.

O czar Pedro III tinha o nome, mas nenhuma das qualidades de seu formidável avô, Pedro I, o Grande. Impopular em razão de suas ideias pró-germânicas, em 9 de junho de 1762 foi deposto por tropas fiéis a sua carismática esposa, a princesa alemã Sofia de Anhalt-Zerbst. Ao se converter à Igreja ortodoxa russa, ela adotara o nome Catarina. Pedro morreu pouco depois, em condições suspeitas, e Catarina logo se fez coroar, dando início a um reinado de mais de três décadas que fez dela a mulher mais poderosa de sempre e a única a receber o cognome "a Grande". Entre suas prioridades estava devolver à capital imperial o brilho cultural que tivera a partir do reinado de Pedro I.

As exigências de Leonhard Euler para voltar à Rússia foram exorbitantes: salário anual de 3 mil rublos, pensão para sua esposa, Katharina, e promessa de cargos importantes na corte para seus filhos. Catarina aceitou sem hesitar e, em 1766, Euler regressou a São Petersburgo. Aos 69 anos de idade, ele mantinha toda a sua extraordinária potência intelectual e era reconhecido como um dos maiores cientistas do mundo. Mas esse período final de sua vida foi marcado por diversas tragédias. Cinco anos após ter ficado cego, em 1771 sua casa foi destruída por um incêndio que quase lhe custou a vida. Dois anos depois, perdeu a esposa, que tinha quarenta anos. Oito dos treze filhos do casal não chegaram à idade adulta. Em 1776, ele se casou com a meia-cunhada Salome, e essa relação durou até a morte de Euler.

Catarina, a Grande, era uma mulher culta e sofisticada, que se correspondia com os maiores intelectuais de seu tempo e fazia questão de discutir pessoalmente com os pensadores que reuniu na corte. Entre eles, estava o filósofo e escritor francês Denis Diderot (1713-84), que se notabilizou por ter idealizado e liderado o grande projeto da *Enciclopédia*, iniciativa ambiciosa que visava reunir e divulgar todo o conhecimento da época, tornando-o acessível a todos. A publicação da *Enciclopédia* na França, entre 1751 e 1772, foi uma das grandes realizações do Iluminismo.

Tendo sabido que Diderot estava passando por dificuldades financeiras, Catarina comprou a biblioteca dele e o contratou como curador pelo resto de sua vida, com um bom salário. Pagou inclusive 25 anos adiantados! Embora detestasse viajar, o escritor se viu na obrigação de empreender a longa e perigosa viagem de Paris a São Petersburgo para prestar homenagem a sua benfeitora. Passou cinco meses na capital russa, entre 1773 e 1774, durante os quais teve encontros diários com a czarina para discussões "de homem para homem", segundo ele. Frequentemente, marcava seus argumentos dando palmadas nas pernas da rainha! Em carta a uma amiga francesa, Catarina escreveu: "Este Diderot é um homem extraordinário. Saio das nossas conversas com as coxas doloridas e roxas. Fui obrigada a colocar uma mesa entre nós dois, para proteger a mim e aos meus membros". Essa particularidade não diminuiu em nada a admiração da governante, que continuou protegendo o escritor até a morte dele, em 1784, em Paris, aos setenta anos.

A seguinte anedota foi contada pelo escritor francês Dieudonné Thiebault (1733-1807) e repetida por muitos autores. Durante a estadia na corte russa, Diderot discutia publicamente, de forma irreverente, suas ousadas ideias ateístas. Isso divertia Catarina, que admirava seu brilho e eloquência, mas também deixava a mui cristã imperatriz em posição embaraçosa perante os súditos. Além disso, chocava Euler, que era muito devoto. Para resolver o problema sem que a czarina tivesse que passar pelo constrangimento de censurar o convidado, Catarina e Euler teriam tramado uma astúcia.

Foi anunciado que um matemático famoso havia obtido uma prova rigorosa da existência de Deus e a apresentaria na corte. O nome não foi mencionado, mas tratava-se de Euler. No dia da apresentação, ele avançou na direção de Diderot e disse (em francês, idioma oficial da corte russa): "*Monsieur*, $(a + b^n)/n = x$, logo, Deus existe! Responda!".

O francês, que supostamente não entendia nada de matemática, ficou em silêncio, desconcertado. Quando percebeu o que tinha acontecido, toda a corte já havia caído na gargalhada. Para escapar da vergonha, só restou a Diderot pedir à imperatriz autorização para voltar a seu país, que Catarina concedeu, aliviada.

Thiebault escreveu: "Não garanto que esses fatos sejam verdadeiros, apenas que na época eles eram comentados pelos habitantes do norte (da Europa), os quais acreditavam neles". Atualmente, os especialistas duvidam, pois a história não combina nem com a personalidade de Euler nem com a de Diderot, o qual, aliás, estava muito longe de ser ignorante em matemática.

Euler continuou trabalhando até morrer, sem que os dramas pessoais ou a cegueira abatessem sua incrível produtividade. Seu último trabalho encontrado, sobre balões aerostáticos, foi escrito com giz na ardósia, e foi publicado postumamente. Em 18 de setembro de 1783, após um almoço em família, sofreu uma hemorragia cerebral enquanto conversava com um colega sobre a recente descoberta de Urano. Poucas horas depois, "parou de calcular e de viver", como explicou Condorcet em seu elogio fúnebre na Academia de Ciências da França.

Sua sepultura, construída em granito rosa próximo ao mausoléu de Catarina II, é uma das principais atrações do cemitério luterano Smolensk, em São Petersburgo. Tive a sorte de poder visitá-la há alguns anos, quando participei da inauguração do Instituto Euler de Matemática, na antiga capital da Rússia. Seu maior monumento é o website *The Euler Archive* [Arquivo Euler], repositório dos mais de 850 trabalhos que escreveu e de muita informação sobre sua vida e obra.

O problema dos 36 oficiais

Em 1782, o matemático suíço Leonhard Euler (1707-83) formulou um quebra-cabeça que lembra um pouco o passatempo sudoku. Seis regimentos do Exército têm seis oficiais cada um, de seis patentes distintas. Como esses 36 oficiais podem ser organizados num quadrado de 6 por 6, de tal modo que em cada linha do quadrado estejam todos os regimentos e todas as patentes, e o mesmo valha em cada coluna?

Se trocarmos o número N de regimentos e patentes para 3 (9 oficiais) ou 4 (16 oficiais), é bem fácil encontrar soluções (experimente!), e Euler também descobriu como resolver o problema quando N é 5 (25 oficiais) ou 7 (49 oficiais). Mas o caso dos 36 oficiais resistiu a todos os seus esforços. "Após todo o trabalho para resolver esse problema, fomos obrigados a reconhecer que tal arranjo é absolutamente impossível, embora não consigamos provar tal fato", lamentou-se. Na verdade, a prova demorou 119 anos: foi encontrada em 1901, pelo matemático francês Gaston Tarry (1843-1913).

Outra demonstração de que o problema dos 36 oficiais é impossível foi dada em 1934 pelos estatísticos britânicos Ronald Fisher (1890-1962) e Frank Yates (1902-94), cujo interesse pela questão era muito curioso: eles queriam estudar estatisticamente o efeito de 6 fertilizantes diferentes sobre 6 tipos de colheitas agrícolas. Para isso, conceberam um experimento realizado num terreno quadrado, dividido em 36 quadrados menores e idênticos: em cada quadradinho seria usado um único fertilizante em uma única colheita. Para minimizar o risco de viés, era desejável que em cada linha e cada coluna estivessem todas as colheitas e todos os fertilizantes. Isso quer dizer que, para implementar o experimento, seria necessário resolver o problema de Euler!

Apesar de não ter resolvido o problema, Euler avançou bastante, mostrando que sempre existe solução quando o número N de regimentos e patentes é da forma $4n$, $4n + 1$ ou $4n + 3$, onde n é um número inteiro. Ficou faltando $N = 4n + 2$, que inclui o caso $N = 6$. Durante muito tempo, os especialistas acreditaram que nesses casos nunca existiria solução. Mas essa "conjectura de Euler" não era correta: em 1959, os norte-americanos Raj Chandra Bose (1901-87), Sharadchandra Shankar Shrikhande (1917-2020) e Ernest Tilden

Parker (1926-91) mostraram, com a ajuda de computadores, que sempre existe solução, exceto, curiosamente, no caso $N = 6$.

Mas até esse caso tem uma solução quântica: em um trabalho publicado no periódico científico *Physical Review Letters*, um grupo de pesquisadores mostrou que para $N = 6$ é possível organizar os oficiais da forma desejada por Euler, se supusermos que eles estão num estado de sobreposição de diferentes regimentos e diferentes patentes.

O passeio do cavalo

"Me encontrei, um dia, num grupo em que, por ocasião de um jogo de xadrez, alguém propôs a seguinte questão: percorrer com um cavalo as casas do tabuleiro de xadrez, sem nunca passar duas vezes pela mesma, e começando numa casa dada." Desse modo, em um trabalho escrito em 1759, mas publicado apenas sete anos depois, Leonhard Euler conta como tomou conhecimento de "um curioso problema que desafia qualquer tipo de análise". Euler (1707-83) é o matemático mais prolífico da história, e esse trabalho está entre seus mais conhecidos, por boas razões: como várias vezes acontece com os problemas "curiosos" abordados por Euler, este se desdobra numa miríade de questões que vão fundo na matemática, e muito além.

O problema não era novo: a primeira menção conhecida remonta ao século IX e tem uma forma bastante curiosa. Trata-se do poema "Arranjo nos passos de um cavalo", escrito em sânscrito pelo poeta Rudrata (séc. IX), da região da Caxemira, que também é um dos primeiros textos indianos a fazer referência ao xadrez. Ele tem a forma de um "meio tabuleiro" composto de quatro versos de oito sílabas cada, e pode ser lido tanto de maneira sequencial, da esquerda para a direita, como pulando as sílabas conforme o movimento do cavalo no xadrez.

Esse formato foi cultivado por poetas indianos durante séculos, a tal ponto que não surpreende que uma das soluções mais interessantes para o problema do passeio do cavalo também tenha sido apresentada na forma de poema. Ela aparece no fim do quinto volume da *Bhagavantabhāskara*, uma espécie de enciclopédia sobre rituais, lei e política escrita por Bhaṭṭa Nīlakaṇṭha em algum momento do século XVII, pelo menos sessenta anos antes de Euler.

Apesar da perplexidade inicial, Euler se debruçou sobre o problema de modo sistemático, e descobriu um método engenhoso para encontrar diferentes soluções. Constatou que existem muitíssimas possibilidades para o passeio do cavalo: "embora o número de possibilidades não seja infinito, ele é tão grande que você nunca conseguirá exauri-lo", afirmou, de modo que parece um tanto contraditório.

Cálculos realizados no fim do século XX usando vários computadores confirmaram a intuição de Euler. O número de passeios do cavalo fechados, ou seja, que voltam à casa de partida, está estimado em 13.267.364.410.532 (13 trilhões...). É mais do que o diâmetro do Sistema Solar medido em quilômetros! Para passeios não fechados, a estimativa atual é ainda mais colossal: 19.591.828.170.979.904 (19 quatrilhões...).

Em 1823, o alemão H. C. von Warnsdorf propôs uma regra heurística para calcular soluções: em cada passo, o cavalo deve ser deslocado para a casa acessível "menos promissora", aquela a partir da qual o número de movimentos disponíveis no passo seguinte será menor. Esse método é bastante eficiente e foi implementado computacionalmente em 1984.

Não precisamos nos ater ao tabuleiro 8 por 8 usual do xadrez: o problema tem sido estudado também para tabuleiros retangulares em geral, com qualquer número de linhas e de colunas. Em 1991, o norte-americano Allen Schwenk caracterizou os tabuleiros em que há passeios do cavalo. Em particular, sabemos que tais passeios sempre existem se os números de linhas e de colunas forem ambos maiores do que 4. Além disso, nesse caso existem passeios fechados, ou seja, que voltam à casa de partida, desde que o número de casas do tabuleiro seja par.

Esse problema matemático antigo e famoso também está na base de uma notável obra da literatura do século XX: *A vida modo de usar*, do francês Georges Perec (1936-82), vencedor do prestigioso prêmio Médicis em 1978. Esse livro me foi recomendado por uma colega anos atrás, e dizer que fiquei fascinado seria pouco. A forma meticulosa, obsessiva, como Perec descreve até a última minúcia o conteúdo — mobiliários, decorações, acessórios — e as histórias dos cômodos de um edifício parisiense, para construir um quebra-cabeças vertiginoso da vida e dos pensamentos de seus moradores, não podia ser mais diferente de qualquer coisa que eu tivesse lido antes (ou depois).

Perec concebe o prédio como um "tabuleiro" formado por 10 cômodos em cada um dos 10 andares, e faz a narrativa se deslocar nesse tabuleiro conforme o movimento do cavalo no xadrez: duas casas numa direção e uma na direção ortogonal. Assim, o livro contém uma solução para o problema do passeio do cavalo num tabuleiro com 10 linhas e 10 colunas.

O "problema curioso" que chamou a atenção de Euler mais de 250 anos atrás continua motivando progresso científico. Entre os avanços recentes está o uso de inteligência artificial para encontrar passeios do cavalo de modo eficiente. A ideia é usar redes neurais em que cada possível movimento do cavalo seja representado por um "neurônio". A rede pode então ser treinada para ativar neurônios que formem uma solução e desativar os demais. São algoritmos que podem ser aplicados em diversos problemas práticos.

A segunda constante mais famosa

A querida leitora Cândida juntou 1.000 reais, fruto de muito trabalho, e agora quer investir. Fala com o gerente bancário, que lhe propõe uma aplicação financeira por um ano, com juros de 100%. Isto é, daqui a um ano ela terá mais 1.000 reais, totalizando 2.000 reais. Uma proposta muito tentadora, sem dúvida.

Mas Cândida tem dúvidas, quer pensar mais, e o gerente fica com receio de perder a freguesa. Então, propõe uma alternativa: dividir o ano em dois períodos iguais, com juros de 50% em cada um. A primeira reação dela é achar que o gerente está tentando lhe passar a perna, trocando seis por meia dúzia: duas vezes 50% é o mesmo que 100%, certo?

Mas não é bem assim, explica o gerente. A partir do investimento inicial de 1.000 reais, em seis meses Cândida ganharia 50% (a metade) desse montante, ou seja, ficaria com mais 500. Em seguida, mantendo esses 1.500 reais investidos por mais meio ano, ganharia mais 50% desse montante, 750 reais. Dessa forma, concluiria o ano com 1.500 mais 750, ou seja, 2.250 reais. É bem melhor do que na opção anterior, constata, satisfeita.

O gerente tenta convencê-la a assinar o contrato logo, mas agora ela está com a pulga atrás da orelha: se foi vantagem dividir o período de investimento em dois semestres, como será se dividirem em três quadrimestres, cada um com juro de 33,33%? O resultado final será 2.370 reais. Muito bom!

O bancário já está arrependido de ter proposto a alternativa. Cândida está desconfiada de que, quanto mais períodos houver, mais vantajoso será o investimento, e não vai parar até ter certeza. Por exemplo, se dividirem o ano em quatro trimestres, em cada um deles Cândida ganhará 25% (ou seja, um quarto) do valor investido. Então, começando com 1.000, após três meses terá 1.000 vezes $(1 + 1/4)$; após seis meses terá 1.000 vezes $(1 + 1/4)^2$; após nove meses terá 1.000 vezes $(1 + 1/4)^3$; e no fim do ano estará com 1.000 vezes $(1 + 1/4)^4$. Faz a conta e verifica que o valor subiu, sim: agora dá 2.441 reais. Ahá!

A essa altura, Cândida já percebeu a regra geral: se dividirem o ano em N períodos iguais, no fim terá 1.000 vezes $(1 + 1/N)^N$. Quando tiver um tempinho livre, Cândida vai tentar provar matematicamente que o valor sempre aumenta quando N aumenta (até aqui, ela só verificou isso para alguns valores).

Mas nesse momento está mais interessada em outra questão: até onde dá para ir com essa técnica? Será que, se considerarem um número N bem grande, chegam a 3.000 reais?

Muito antes dela, o matemático suíço Jacob Bernoulli (1605-1705) também se interessou por esse tipo de questão. Isso nada tem de surpreendente: na Suíça, calcular juros compostos é esporte nacional! Em 1683, Bernoulli observou que, embora o dinheiro vá crescendo quando N aumenta, os incrementos são cada vez menores. Se usar um regime de juros semanais (com $N = 52$), Cândida terminará com 2.692 reais. Já se os juros forem diários ($N = 365$), terminará com 2.714, só 22 reais a mais. Também é possível mostrar matematicamente que, à medida que N aumenta, o valor da expressão $(1 + 1/N)^N$ se aproxima tanto quanto quisermos de um certo número $e = 2{,}718281828459045235\ldots$

É a segunda constante mais famosa da matemática: só perde para o número π. Atente para as reticências no fim: a expressão do número e continua indefinidamente! É outro daqueles números esquisitões (e muito interessantes!), cujos dígitos não se repetem nem seguem nenhuma regra aparente. Parecem ir surgindo ao acaso.

Na verdade, esse número já tinha aparecido bem antes, em um trabalho sobre logaritmos do matemático escocês John Napier (1550-1617), publicado em 1618. Por essa razão, costuma ser chamado constante de Napier, ou constante neperiana. Só que nesse trabalho o e estava apenas implícito, Napier nunca escreveu o seu valor.

Em 1668, o alemão Nicolaus Mercator (1620-87) publicou um livro em que usou, pela primeira vez, a expressão "logaritmo natural" para se referir aos logaritmos na base e. Mas Mercator também não escreveu o valor de e: o primeiro a se preocupar com a questão foi mesmo Bernoulli. Em particular, Bernoulli observou que e está entre 2 e 3; mas não percebeu que e tivesse algo a ver com logaritmos.

O primeiro a chamar o número de e foi Leonhard Euler (1707-83), em 1731 (parece que o fato de ter usado a inicial do próprio nome foi pura coincidência). No livro *Introdução à análise dos infinitos* (1748), Euler provou vários fatos importantes sobre esse número, inclusive a seguinte igualdade: $e = 1 + 1/(1!) + 1/(2!) + 1/(3!) + 1/(4!) + \cdots + 1/(N!) + \cdots$, onde $N!$ representa o fatorial de N, ou seja, o produto de todos os números inteiros de 1 até N. Usando essa fórmula, Euler conseguiu calcular o valor de e com quinze dígitos corretos. Hoje, com o uso de computadores, é possível calcular trilhões de dígitos.

Cândida me escreveu há pouco para dizer que já resolveu a questão do investimento e agora tem outra curiosidade: quem é maior, e^π ou π^e?

Logaritmo, nosso amigo secreto

O estranho ano de 2020 caminha para o fim, e logo será hora das festividades natalinas. Um dos aspectos mais simpáticos da nossa tradição é a brincadeira do amigo secreto: para cada pessoa no grupo — parentes ou colegas de trabalho — é sorteado, de modo confidencial, alguém no grupo a quem essa pessoa vai dar um presente. Aqui em casa, quem cuidava do sorteio era eu. O modo mais simples é escrever o nome em papéis, que depois são dobrados. Cada um escolhe um papel e confere em segredo o nome do seu amigo.

Cada resultado possível é chamado de permutação. O número total de permutações de N pessoas é igual a $N!$ (leia N fatorial), que é $N \times (N-1) \times \ldots \times 3 \times 2 \times 1$. Mas há um problema nesse procedimento: por mais prazeroso que seja dar presentes para si mesmo, o amigo secreto não pode ser a própria pessoa! Nem pensar! Por isso, só são válidas as permutações em que ninguém pega o papel com o próprio nome, as quais são chamadas desarranjos do grupo.

Quando fui organizar o amigo secreto da família, estava consciente desse problema, mas torci para sair um desarranjo logo na primeira, e caso contrário tentaríamos de novo. Mas depois de quatro tentativas fracassadas a família cansou, e acho que a confiança na minha habilidade matemática caiu muito: fui trocado por um aplicativo! Foi aí que decidi estudar o assunto direito.

O problema de saber quantos desarranjos existem foi formulado em 1708 pelo francês Pierre Rémond de Montmort (1678-1719) e foi resolvido pelo próprio, e também por seu amigo Nicolaus I Bernoulli (1687-1759), por volta de 1713. O que eles descobriram foi que o número total de desarranjos de um grupo com N membros é o número inteiro mais próximo de N fatorial dividido pela constante de Euler-Napier $e = 2{,}718281828459045\ldots$

Isso quer dizer que quando fazemos um sorteio simples, como descrevi acima, a probabilidade de dar um desarranjo é de apenas $1/e = 0{,}3678\ldots$, ou seja, pouco mais de 1 vez a cada 3. Quer dizer que eu dei azar, mas não muito. Existem, porém, algoritmos mais efetivos, que só geram desarranjos: agora que sei disso, não vejo a hora de pegar de volta do aplicativo minha função na família!

Enquanto eu me preocupo com essa questão, a família real de Muito Muito Longe está numa situação delicada. Quando o rei anunciou que está buscando noivo para sua filha, apresentaram-se N pretendentes. A escolha vai ser feita pela própria princesa, naturalmente, a partir de conversas com os candidatos. Para não discriminar, a ordem das conversas será sorteada. Após cada conversa, a princesa estará habilitada a ranquear o candidato entre todos aqueles com quem já falou, mas continuará não sabendo nada sobre os demais.

O ideal seria conversar com todos e só então escolher o melhor, claro. O problema é que os nobres cavaleiros têm ego sensível: eles se ofendem e vão embora se não são escolhidos logo que a entrevista é concluída.

Como fazer? Escolher um dos primeiros pretendentes que pareça razoável, abrindo mão de encontrar o príncipe encantado? Ou deixar para escolher perto do final, quando já conhecerá a maioria dos candidatos, correndo o risco de ter deixado escapar o amor de sua vida, com o coração partido? Toda estratégia tem riscos, será que existe alguma melhor que as outras?

Esse problema foi formulado em 1949 por Merrill Flood (1908-91), mas questões desse tipo foram propostas antes, por Arthur Cayley (1821-95) e até por Johannes Kepler (1571-1630). Ele tornou-se amplamente conhecido a partir de 1960, quando Martin Gardner (1914-2010) o divulgou em sua famosa coluna na revista *Scientific American*. A solução completa foi dada por Thomas Bruss em 1984, a partir de trabalho de R. Palermo: para maximizar a chance de ficar com um noivo do seu agrado, a princesa deve rejeitar os primeiros N/e pretendentes, ainda que lhe pareçam muito bons, e a partir daí deve aceitar o primeiro que seja melhor do que seus antecessores.

No dia a dia, surgem com frequência problemas do tipo "quando é hora de parar de avaliar e tomar a decisão?". Por exemplo, ao abastecer o carro precisamos decidir se vale a pena continuar buscando um posto com preço mais favorável ou se é vantagem parar logo e encher o tanque. Experimentos em psicologia mostram que nesse tipo de situação a maioria das pessoas tende a parar a busca cedo demais. Talvez porque a avaliação tem custos: afinal, quantos pretendentes uma princesa consegue entrevistar antes de perder o interesse no casamento?

A matemática deixou o rei de Muito Muito Longe inconformado. Ele sabe que o número de Euler é importante na teoria dos logaritmos, mas não consegue aceitar que tenha algo a ver com o casamento da filha. Contei que o número e também aparece na solução do problema do amigo secreto, mas isso só aumentou a perplexidade: "O que é que essas três coisas têm a ver umas com as outras?". Dei-me conta de que não tenho uma boa resposta. Tendo conversado com colegas matemáticos, percebi que não estou sozinho.

Respondi que é comum que constantes matemáticas famosas surjam em contextos surpreendentes. Por exemplo, quando representamos graficamente a estatura da população brasileira, obtemos uma curva em forma de sino, que indica que a maior parte das pessoas tem altura perto de um certo valor médio, e o número de casos vai diminuindo quando nos afastamos dessa média, para cima ou para baixo. Esse tipo de gráfico é tão comum em estatística que é chamado "curva normal". Suas propriedades foram estudadas pelo grande Carl Friedrich Gauss (1777-1855), que inclusive encontrou sua fórmula exata. Um fato notável é que essa fórmula contém o número π. Isso mesmo, o do perímetro do círculo! Qual é a relação do perímetro do círculo com o estudo estatístico das características de uma população, como altura ou peso?

O rei me escutou em silêncio, mas duvido que tenha ficado convencido.

Século XVIII

Um problema de mais de 1.500 anos

Em 1770, Joseph-Louis Lagrange (1736-1813) provou um belo teorema: todo número inteiro positivo pode ser escrito como soma de quatro quadrados, ou seja, quatro números da forma a^2 em que a é número inteiro. Por exemplo, $7 = 1^2 + 1^2 + 1^2 + 2^2$ (também sabemos que não dá para escrever 7 como soma de menos do que quatro quadrados). A ideia do teorema remontava à *Aritmética* de Diofanto de Alexandria, escrita no século III, e foi formulada explicitamente em 1621, por Claude Bachet (1581-1638).

Mas, no mesmo ano de 1770, o inglês Edward Waring (1736-98) já estava propondo uma generalização ainda mais desafiadora. Em suas *Meditações algébricas,* ele afirmou, sem provar: "Todo inteiro é uma soma de nove cubos (da forma a^3); todo inteiro é também a soma de dezenove biquadrados (da forma a^4)". E acrescentou, misteriosamente: "E assim em diante".

Waring foi professor da Universidade de Cambridge, na Inglaterra, ocupando por quase três décadas a posição de professor lucasiano, uma das mais prestigiosas do mundo acadêmico, que contou com Isaac Newton (1643-1727) e Stephen Hawking (1942-2018) entre seus ilustres titulares. Hoje em dia, Waring é lembrado, sobretudo, por causa das *Meditações*.

Em linguagem moderna, o problema de Waring é o seguinte: para todo inteiro positivo k existe um número $N(k)$ tal que todo inteiro positivo pode ser escrito como soma de $N(k)$ potências a^k de inteiros positivos? A prova de que assim é só foi dada em 1909, pelo matemático alemão David Hilbert (1862-1943). Questões relacionadas ainda são tema de pesquisa até os nossos dias.

Um problema interessante é calcular explicitamente o valor de $N(k)$ para cada valor de k. O teorema dos quatro quadrados de Lagrange significa que $N(2) = 4$. A afirmação de que $N(3) = 9$ foi provada em 1909 pelos alemães Arthur Wieferich (1884-1954) e Aubrey Kempner (1880-1973). Mas $N(4) = 19$ só foi provada em 1986, pelos matemáticos Ramachandran Balasubramanian (n. 1951), da Índia, Jean-Marc Deshouillers (n. 1946) e François Dress, da França. Curiosamente, $N(5) = 37$ veio antes: foi provado em 1964 pelo matemático chinês Chen Jingrun (1933-96). Atualmente, sabemos calcular $N(k)$ para todo valor de k, mas alguns aspectos da fórmula ainda não foram compreendidos.

Em alguns casos, dá para usar menos cubos: por exemplo, $10 = 1^3 + 1^3 + 2^3$. Mas certos inteiros realmente precisam de 9, por exemplo, $23 = 1^3 + 1^3 + 1^3 + 1^3 + 1^3 + 1^3 + 1^3 + 2^3 + 2^3$. E se considerarmos também cubos de inteiros negativos? Por exemplo, então podemos escrever 23 usando apenas 4 cubos: $23 = (-1)^3 + 2^3 + 2^3 + 2^3$.

Resulta que com números negativos o problema se torna muito mais difícil. Nem sequer sabemos quais são os inteiros que podem ser escritos como a soma de 3 cubos, apesar de essa pergunta ter sido bastante estudada desde os anos 1950, quando o algebrista Louis Mordell chamou a atenção para ela. Mordell (1888-1972) pesquisava as equações diofantinas, e conseguiu avanços profundos na direção de provar o teorema de Fermat. Uma de suas ideias principais, a conjectura de Mordell, foi provada em 1983 pelo alemão Gerd Faltings (n. 1954), que em 1986 foi distinguido com a medalha Fields — o maior prêmio da matemática —, por esse feito.

Sabemos que para que um inteiro seja a soma de 3 cubos, o resto de sua divisão por 9 não pode ser 4 nem 5. Por exemplo, como o resto da divisão de 23 por 9 é igual a 5, não podem existir inteiros a, b e c tais que $23 = a^3 + b^3 + c^3$.

O que não sabemos é a volta, ou seja, se todos os inteiros N cujo resto da divisão é diferente de 4 e 5 são somas de 3 cubos. Até pouco tempo atrás, isso era desconhecido inclusive para números pequenos. O caso $N = 33$ foi resolvido em 2019 pelo professor Andrew Booker, da Universidade de Bristol. Foi preciso três semanas de cálculo num supercomputador para encontrar a solução.

Isso deixou $N = 42$ como o único caso abaixo de 100 não resolvido até então. A solução foi encontrada alguns meses depois, em colaboração com o professor Andrew Sutherland, do Instituto de Tecnologia de Massachusetts (MIT). Após mais de 1 milhão de horas de cálculo numa rede de 500 mil computadores domésticos interligados (!), descobriram que 42 é igual à soma dos cubos dos inteiros

$a = -80.538.738.812.075.974$,
$b = 80.435.758.145.817.515$ e
$c = 12.602.123.297.335.631$.

O tamanho desses números mostra bem como o problema se torna complicado!

A cientista que também era marquesa

Tinha nome de aristocrata, Gabrielle Émilie Le Tonnelier de Breteuil (1706-
-49), e era: filha do barão de Breteuil, ela se tornou marquesa ao se casar com Florent Claude du Châtelet, em 1725. Desde cedo foi encorajada pelos pais a adquirir uma educação sofisticada, rara para uma jovem da época: música, dança, canto, teatro, ginástica, equitação, línguas (aos doze anos era fluente em alemão, italiano, latim e grego) e sua grande paixão, matemática e física.

O marquês du Châtelet era um homem de guerra, onze anos mais velho e com pouco em comum com a esposa, mas o casamento foi surpreendentemente feliz. Três filhos depois, a relação já evoluíra para uma amizade duradoura, cada um cúmplice das liberdades do outro. Para Émilie, as liberdades de aprender e de amar.

Estudou matemática com Pierre Louis Moreau de Maupertuis (1698-1759), autor do famoso princípio da mínima ação, que lhe apresentou as ideias de Isaac Newton (1643-1727), e com Alexis Claude Clairaut (1713-65), pioneiro das equações diferenciais. Manteve correspondência com matemáticos como Euler (1707-83) e Johann II Bernoulli (1710-90), e até com o rei da Prússia, Frederico II, o Grande (1712-86). Émilie ajudou a provar experimentalmente que a energia cinética é proporcional ao quadrado da velocidade, como afirmara Gottfried Wilhelm Leibniz (1646-1716).

Em 1738, tornou-se a primeira mulher a ter um ensaio científico — sobre a natureza do fogo — publicado pela Academia de Ciências da França. Seu trabalho mais conhecido, publicado postumamente em 1756, é a primeira tradução dos *Principia mathematica* na França, com comentários, que permanece a base das traduções da obra de Newton para o francês. Em seus escritos, Émilie ainda tratou de temas tão diversos quanto filosofia, finanças, estudos bíblicos e a defesa da educação para as mulheres. Vários de seus textos foram copiados diretamente na *Enciclopédia*, a grande obra do Iluminismo.

A despeito de tudo isso, ela ainda é mencionada sobretudo no contexto de sua relação, romântica e intelectual, com o mais brilhante (e polêmico) dos iluministas, o filósofo Voltaire (1694-1778) — relacionamento que durou por quase toda a vida adulta de Émilie. Embora Voltaire reconhecesse a superioridade dela no âmbito das ciências ("eu costumava ensinar a mim mesmo com você. Agora você voou para onde eu não consigo mais segui-la"), a história a deixou relegada à sombra do homem, deixando em segundo plano a influência e o prestígio de que ela desfrutou em vida. Mas essa injustiça vem sendo corrigida. O Instituto Émilie du Châtelet foi criado na França em 2006, para apoiar e desenvolver a pesquisa sobre mulher, sexo e gênero, e tanto a Sociedade Francesa de Física quanto a Universidade Duke, nos Estados Unidos, oferecem prêmios científicos com o nome dessa importante cientista.

Émilie morreu em 10 de setembro de 1749, aos 42 anos, em razão de complicações do parto de sua quarta criança, uma menina, fruto da relação com o poeta Jean-François de Saint-Lambert (1716-1803).

D'Alembert, pensador do Iluminismo

O francês Jean Le Rond d'Alembert (1717-83) é um dos intelectuais mais influentes do Iluminismo. Matemático, físico e filósofo, deu importantes contribuições também à astronomia: foi o primeiro a explicar, com cálculos precisos, o fenômeno da precessão dos equinócios — o movimento de rotação do eixo da Terra, semelhante à oscilação circular do eixo de um pião —, a partir das leis de Isaac Newton (1643-1727). Uma das crateras da Lua leva o seu nome.

O interesse pela música o levou à descoberta da equação da onda, a fórmula matemática que descreve corpos que vibram, como as cordas do violão. A descoberta criou uma das áreas mais importantes da matemática, a teoria das equações diferenciais parciais. Outra contribuição fundamental é o teorema de D'Alembert, também chamado teorema fundamental da álgebra: toda equação polinomial de grau *N* tem exatamente *N* soluções no conjunto dos números complexos. Os estudantes de cálculo conhecem bem o critério de D'Alembert de convergência de séries infinitas.

Na física, além do desenvolvimento da teoria das ondas, sua principal contribuição foi a publicação do *Tratado da dinâmica*, um passo fundamental na formalização matemática das ideias de Newton, precursor dos trabalhos de Joseph-Louis Lagrange (1736-1813) e do marquês de Laplace (1749-1827). Na base está o princípio de equilíbrio de D'Alembert, também bem conhecido dos estudantes de graduação.

Fora do mundo científico, D'Alembert é mais conhecido por ter sido, com Denis Diderot (1713-84), coeditor da *Enciclopédia*, uma iniciativa ambiciosa que visava coletar o conhecimento da época e torná-lo acessível a todos. D'Alembert deu vida a esse grande projeto-símbolo do Iluminismo desde o início até 1757, quando se desentendeu com Diderot.

E, no entanto, o início de sua vida não poderia ter sido menos promissor. Nascido de relação passageira de sua mãe, Claudine de Tencin (1682-1749), com um aristocrata, possivelmente o cavaleiro Louis-Camus Destouches (1668-1726), ele foi abandonado no dia seguinte nos degraus da capela parisiense de Saint-Jean-le-Rond, de quem recebeu o nome (essa capela ficava encostada ao lado direito da catedral de Notre-Dame e não existe mais).

Recuperado pelo pai, foi entregue ao Hospício das Crianças Encontradas e, posteriormente, a uma família de adoção. Destouches lhe deixou em testamento uma pequena renda anual, que assegurou sua sobrevivência e lhe permitiu realizar os estudos.

Em 1772, D'Alembert tornou-se secretário perpétuo da Academia de Ciências da França. Hoje em dia, trata-se de um cargo com mandatos fixos — o atual titular é o matemático Étienne Ghys (n. 1954), grande amigo do Brasil —, mas na época a denominação era um destino: D'Alembert ficou na função até morrer.

Tendo o abade de Saint-Germain l'Auxerrois se recusado a sepultar em sua igreja um ateu declarado, o corpo de D'Alembert foi acompanhado por um longo cortejo até o cemitério des Porcherons (posteriormente desativado), onde foi enterrado numa vala comum.

A matemática a serviço da sociedade

Marie Jean Antoine Nicolas de Cantat, marquês de Condorcet, nasceu na França em 1743. Defensor das ideias liberais do Iluminismo — igualdade de direitos para todos, voto feminino, educação pública e gratuita, abolição da escravatura e da pena de morte, governo constitucional —, morreu na prisão aos cinquenta anos de idade. Seu talento científico foi reconhecido desde cedo, o que o levou a tornar-se matemático e não militar, como a família esperava. Publicou trabalhos sobre cálculo, probabilidade e estatística, correspondeu-se com cientistas de renome na França e no exterior e alcançou destaque internacional, tendo sido eleito para várias academias de ciências.

A partir dos trinta anos, assumiu funções administrativas e políticas e interessou-se pelas aplicações da matemática nas ciências sociais. Com a Revolução Francesa (1789), elegeu-se deputado. Na Assembleia Constituinte, foi o principal redator do projeto de Constituição dos girondinos, o partido moderado. Com a tomada do poder pelos extremistas, em 1794 foi preso e pode ter sido assassinado em sua cela. Em 1989 foi sepultado simbolicamente no Panthéon, em Paris, onde repousam os "grandes homens" (e mulheres) da França.

Trabalhos que publicou em 1785 contêm algumas de suas descobertas mais marcantes. Partindo da hipótese de que as pessoas têm propensão, ainda que pequena, a tomar decisões baseadas em fatos, Condorcet demonstrou matematicamente que o resultado de uma votação é tanto melhor quanto maior for o número de eleitores. Com base nesse teorema, defendeu os julgamentos por júri popular, no lugar daqueles por um único magistrado. Ainda que a hipótese possa parecer questionável nos dias de hoje — no Brasil apenas homicídios são julgados por júri popular —, o pioneirismo dessas observações impressiona. Ainda mais impactante é o apontamento de que o resultado de uma votação uninominal — cada eleitor vota em um só candidato — em geral não representa os desejos reais do eleitorado. Essa descoberta esteve na origem de importantes avanços no século XX, incluindo o famoso teorema da impossibilidade de Arrow.*

---

* Ver "Limites da mente humana" (p. 178) e "Como tornar as eleições mais justas" (p. 217).

O "paradoxo de Condorcet" pode ser apresentado da seguinte maneira. Considere uma votação com 3 candidatos — X, Y e Z — e 100 votantes. Quarenta eleitores preferem o candidato X, seguido de Y e depois Z; 35 escolhem Y, têm Z como segunda opção e X como última; para 25, Z é o favorito, seguido de Y e de X. Numa votação uninominal — em que cada eleitor vota em um só candidato —, X ganha, embora uma maioria de 60% o considere o pior dos três! É um problema real, com exemplos recentes em diversos países.

O marquês propôs um sistema de votação, chamado "método de Condorcet", para corrigir esse efeito. Essencialmente, consiste em comparar cada candidato com cada um dos outros, de forma separada, sendo eleito aquele que vence todos esses "duelos". É pouco prático, sobretudo em eleições com muitos candidatos ou eleitores — como a brasileira —, e por isso o método de Condorcet raramente é usado. A votação em dois turnos, com o duelo no segundo, é um passo nessa direção.

Outro sistema foi proposto por um contemporâneo de Condorcet, o cavaleiro Jean-Charles de Borda (1733-99), matemático e navegador francês. Nele, cada eleitor dá pontos aos candidatos: 1 ponto para o último, 2 para o penúltimo, e assim por diante. Ganha o que somar mais pontos. Na verdade, esse método já havia sido usado no Senado da República de Roma. Retomando o exemplo, Z ganha 40 vezes 1 ponto, mais 35 vezes 2 pontos, mais 25 vezes 3 pontos, ou seja, 185 pontos no total. Já Y ganha 235 pontos e leva a eleição, e X ficaria com 180 pontos e o último lugar — e não o primeiro.

Embora concordassem que esse segundo método é mais prático, Condorcet e Borda debateram a seguinte questão: qual dos dois reflete melhor a vontade dos eleitores? A matemática do século XX acabou dando alguma razão a Borda, cujo método é atualmente usado em situações muito diversas: eleições parlamentares de alguns pequenos países, o Festival Eurovisão da Canção, algumas eleições locais nos Estados Unidos, e até nas votações da comissão de atividades científicas do Instituto de Matemática Pura e Aplicada (Impa). Do ponto de vista matemático, seria a melhor forma de escolhermos o presidente da República, os governadores e os prefeitos nas eleições brasileiras — em apenas um turno, mais rápido e com menos custos.

O problema dos testes falsos positivos

A interpretação mais popular da probabilidade de um evento incerto tem a ver com a frequência com que esse evento ocorre quando o experimento é repetido muitas vezes. Por exemplo, quando lançamos uma moeda normal um número N grande de vezes, sai cara (aproximadamente) $N/2$ vezes. Então, a probabilidade do evento "cara" é ½. Mas essa interpretação, chamada frequentista, tem problemas. Para começar, porque pressupõe que o experimento pode ser repetido. A Copa do Mundo no Qatar vai acontecer uma vez só, evidentemente: isso quer dizer que não faz sentido falar na probabilidade de o Brasil ganhar essa Copa?

A resposta mais usual a esse problema, chamada interpretação bayesiana, é que a probabilidade nada mais é do que uma quantificação da nossa expectativa de que o evento ocorra. Seria um conceito subjetivo, sujeito a atualização a cada vez que fique disponível uma nova informação que altere essa expectativa. Vejamos um exemplo simples.

Os times de futebol Alguidares e Bem-Bom se encontram regularmente para um clássico regional. Das 10 partidas que já jogaram, Alguidares ganhou 3 e Bem-Bom, 7. Assim, de início, o time do Bem-Bom é o favorito para a próxima partida: expectativa 7/10 de que vença. Mas é sabido que choveu em 4 partidas anteriores, e que o Alguidares ganhou 3 delas: parece que debaixo de água eles levam vantagem. E acabamos de saber que vai chover durante o próximo jogo. Agora, como ficam as chances de que o Bem-Bom vença?

A denominação "bayesiana" homenageia o matemático e pastor presbiteriano inglês Thomas Bayes (1701-61), mas não é claro se ele pensava realmente desse modo. Bayes interessou-se pelos grandes problemas intelectuais de seu tempo, mas, em vida, publicou apenas *Divina benevolência*, estudo religioso que argumenta que o objetivo da divindade é a felicidade de suas criaturas, e *Introdução à doutrina das fluxões*, uma defesa veemente das ideias de Isaac Newton (1643-1727). Em probabilidade ele só trabalhou nos últimos anos, e suas notas, intituladas *Ensaio para resolver um problema na doutrina das chances*, só foram publicadas dois anos após sua morte. Esse trabalho contém um importante teorema, que hoje em dia é ensinado em todo curso introdutório de probabilidade ou estatística.

O francês Pierre-Simon de Laplace (1749-1827), verdadeiro criador da interpretação bayesiana, utilizou o teorema de Bayes para desenvolver as próprias ideias sobre probabilidade, atribuindo o crédito ao colega mais velho.

Em teoria da probabilidade, é usual buscar informações sobre os efeitos a partir das causas. Por exemplo, se sabemos que uma caixa contém B bolas brancas e P bolas pretas, a probabilidade de que uma bola retirada ao acaso seja preta é $P/(B+P)$. O problema a que faz menção o título do *Ensaio* é o da probabilidade inversa: buscar informações sobre as causas a partir dos efeitos.* Se não conhecemos os números B e P, o que podemos inferir sobre eles com base na retirada de algumas bolas da caixa?

O teorema de Bayes explica como responder a esse tipo de pergunta e, ao mesmo tempo, como atualizar a estimativa da probabilidade de um evento aleatório a partir de uma nova informação. Por exemplo, o teorema diz que, levando em conta a informação de que vai chover durante o jogo entre o Alguidares e o Bem-Bom, a probabilidade de que o Bem-Bom ganhe é igual à probabilidade de chuva quando o Bem-Bom ganha (1/7) vezes a chance a priori de vitória do Bem-Bom (7/10), dividida pela probabilidade de chover (4/10). Assim, as chances do Bem-Bom não passam de 1/4.

Uma aplicação da probabilidade bayesiana é na análise e interpretação dos resultados de testes clínicos. Considere o seguinte exemplo ilustrativo.

As autoridades estão preocupadas com uma doença que afeta a população. A enfermidade é grave, mas pode ser tratada se for detectada no início. Seria natural testar logo todo mundo, mas testes não são infalíveis: a chance de um doente apresentar teste negativo é de 2%, e a chance de alguém saudável ter um resultado positivo no teste é de 3%. Falsos positivos são especialmente problemáticos: além de trazerem à pessoa a angústia de achar que corre risco de vida, ainda apontam para um tratamento caro, desconfortável e, no caso, desnecessário. Mas as chances de erro parecem bem pequenas. Será que não vale a pena correr o risco assim mesmo?

Uma questão central é a seguinte: quando o resultado é positivo, qual é a chance de que a pessoa esteja saudável e, portanto, o tratamento não se justifique?

Estima-se que 1% da população esteja infectada: essa é a probabilidade de que uma pessoa escolhida ao acaso esteja doente. Escrevemos isso numa forma simplificada: P(doente) = 1%, logo P(saudável) = 99%. Queremos saber qual é a probabilidade P(saudável se positivo) de que a pessoa esteja bem,

---

* A expressão "probabilidade inversa" foi usada pela primeira vez em 1837, pelo também britânico Augustus De Morgan (1806-71).

sabendo que ela testou positivo. O teorema de Bayes explica como calcular, e o resultado pode surpreender.

O primeiro passo é calcular P(saudável) vezes P(positivo se saudável). Como P(saudável) é 99% e a chance de falsos positivos é 3%, isso dá 99% vezes 3%, que é 2,97%. O segundo passo é fazer a mesma conta para pessoas doentes, ou seja, P(doente) vezes P(positivo se doente). Como P(doente) é 1% e a chance de falsos negativos é 2%, este cálculo dá 1% vezes 98%, ou seja, 0,98%.

O último passo é dividir o primeiro desses dois números pela soma de ambos, ou seja, P(saudável se positivo) é igual a 2,97% dividido por 2,97% + 0,98%. O resultado é 75,2%. Logo, nesse caso a grande maioria dos resultados positivos — mais de ¾ — são falsos positivos! Isso aconselha muita prudência antes de sair tratando todo mundo que testou positivo...

As aplicações práticas da probabilidade inversa estão por toda parte, e o teorema de Bayes é ferramenta fundamental. Ele também se mostrou particularmente adequado no desenho de métodos de aprendizagem de máquina, o que assegura à probabilidade bayesiana uma posição de destaque no âmbito da inteligência artificial.

A terceira constante mais famosa (e a mais misteriosa)

Na corrida para a constante matemática mais famosa, a medalha de bronze vai para o número γ (gama) de Euler-Mascheroni, que apareceu pela primeira vez em trabalhos sobre teoria dos números de Leonhard Euler, em 1734, e de Lorenzo Mascheroni (1750-1800), em 1790. Embora em popularidade ela perca para o número $\pi = 3{,}14159265359\ldots$ e até para a constante de Euler-Napier, $e = 2{,}71828182845\ldots$, podemos dizer que γ ganha de ambas em mistério.

A definição de γ é a seguinte: some as frações $1/1$, $1/2$, $1/3\ldots$ até $1/N$ e subtraia dessa soma o valor do logaritmo neperiano (ou seja, o logaritmo na base e) de N; quanto maior for o N, mais próximo o resultado estará de $\gamma = 0{,}5772156649015328606065120900824024 3\ldots$ Hoje conhecemos mais de 1,7 trilhão de dígitos, e também sabemos que γ desempenha papel importante em várias partes da matemática: na teoria dos números, na análise. No entanto, ignoramos quase tudo sobre essa constante, apesar de ela estar sendo estudada intensamente há quase três séculos.

Dizemos que um número é racional se ele pode ser escrito como uma fração de dois números inteiros: 0,75 é racional porque é igual a $3/4$; outro exemplo é 0,6666666…, que é igual a $2/3$. Os demais números são chamados irracionais.* Por exemplo, sabemos desde Euclides (sécs. IV a.C.-III a.C.) que a raiz quadrada $\sqrt{2}$ do número 2 é irracional.

Existe outra classificação menos conhecida. Os matemáticos chamam um número de algébrico se ele é solução de alguma equação polinomial $a_k x^k + \ldots + a_2 x^2 + a_1 x + a_0 = 0$ com coeficientes $a_k, \ldots, a_2, a_1, a_0$ inteiros. Todo número racional é algébrico, mas nem todo número algébrico é racional. Por exemplo, $\sqrt{2}$ é solução da equação $x^2 - 2 = 0$ e, portanto, é algébrico, apesar de ser irracional. Os números que não são algébricos são chamados transcendentes.

O próprio Euler provou em 1737 que o número e é irracional, e a irracionalidade de π foi provada pelo também suíço Johann Heinrich Lambert (1728-77),

* A palavra "racional" só quer dizer que esses números são razões, isto é, quocientes de inteiros. Os números racionais não são mais "razoáveis" do que os irracionais!

por volta de 1760. Mais de um século depois, em 1882, o alemão Ferdinand von Lindemann (1852-1939) foi mais além, provando que tanto π quanto e são números transcendentes. Em particular, o fato de π ser transcendente provou definitivamente que é impossível o problema clássico da quadratura do círculo — construir com régua e compasso um quadrado com a mesma área de um círculo dado. Isso porque com régua e compasso só é possível construir segmentos cujo comprimento seja algébrico.

Agora, para a constante de Euler-Mascheroni, todas essas questões continuam em aberto, quase trezentos anos depois. Nem sequer sabemos se γ é um número racional ou irracional! Acho que ninguém acredita que γ seja racional, mas não existe uma demonstração rigorosa desse fato, apenas motivos para ceticismo. Um deles é que, se γ for racional, então a partir de certo ponto seus dígitos terão que se repetir de maneira cíclica. Ora, isso não aparece no 1,3 trilhão de dígitos que já conhecemos. Mas não podemos excluir a possibilidade de que a repetição cíclica aconteça mais na frente...

Outro indício desfavorável é que sabemos, desde 1997, que se γ for igual a uma fração p/q de números inteiros, então o denominador q tem que ser um número colossal, com pelo menos 244.663 dígitos! Para dar uma ideia de quão absurdamente grande isso é, estima-se que o número de átomos em todo o universo observável tenha cerca de 80 dígitos.

Além disso, em 2010 os matemáticos M. Ram Murty (n. 1953) e N. Saradha encontraram uma certa família infinita de números contendo γ, e provaram que no máximo um deles pode ser racional. Não sabemos qual, e seria muita coincidência que fosse justamente o γ, não é? Mas também não podemos garantir que não seja...

História de uma conjectura

Em carta de 7 de junho de 1742, o matemático alemão Christian Goldbach (1690-1764) propôs ao colega suíço Leonhard Euler (1707-83) a seguinte conjectura: todo número par maior que 2 é a soma de 2 números primos. Por exemplo, 18 é a soma de 7 com 11, ambos primos.

Euler respondeu no dia 30 do mesmo mês: "Que todo inteiro par seja a soma de dois primos eu considero um teorema de todo correto, embora não consiga provar". Ninguém conseguiu até hoje: apesar de muitas tentativas, ainda não existe demonstração aceita pela comunidade matemática como correta. Com a ajuda de computadores, não é difícil verificar se a afirmação é verdadeira ou falsa para um dado número, embora isso possa ser demorado se ele for grande. Assim, sabemos hoje que todo inteiro par (maior que 2) com menos de 19 dígitos é de fato a soma de 2 primos. O desafio é provar matematicamente que o mesmo vale em todos os casos.

Há diversos avanços parciais. Em 1930, o matemático russo Lev Schnirelmann (1905-38) mostrou que existe um número N tal que todo inteiro par maior que 2 é a soma de não mais que N primos. Hoje, sabemos que podemos tomar $N = 4$. Na mesma década, os matemáticos Nikolai Chudakov (1904-86), Johannes van der Korput (1890-1975) e Theodor Estermann (1902-91) provaram que a conjectura de Goldbach é verdadeira para "quase todo" número par: se houver exceções, elas vão ficando mais raras à medida que os números crescem.

Surpreendentemente, após longo período sem muita novidade, em 2013 o matemático peruano-alemão Harald Helfgott (n. 1977) provou que todo número ímpar maior que 7 é a soma de 3 primos. Essa afirmação é chamada "conjectura fraca de Goldbach", pois é sabido que, se a conjectura original de Goldbach for verdadeira, então a "fraca" também é. Mas não sabemos se a recíproca ("a volta") também vale, pelo que o notável resultado de Helfgott não basta para resolver a questão proposta naquela carta, quase três séculos atrás. Mas ele implica o fato que mencionei antes, de que todo inteiro par maior do que 2 é soma de não mais do que 4 números primos.

Primos e primos gêmeos

Em 1770, o matemático inglês Edward Waring (1736-98) escreveu o livro *Meditationes algebricae* [Meditações algébricas], onde se lê a seguinte afirmação: "Se p é um número primo, a quantidade $1 \times 2 \times 3 \times \ldots \times (p-1) + 1$ dividida por p dá um número inteiro. Essa elegante propriedade dos números primos foi descoberta pelo eminente John Wilson, homem muito versado em assuntos matemáticos".

Essa homenagem entusiasmada não é para ser tomada a sério: além de ser amigo e ex-aluno, Wilson apoiara a controversa escolha de Waring como sucessor de Isaac Newton (1643-1727) como professor lucasiano, a cátedra da Universidade de Cambridge criada em 1663 pelo deputado inglês Henry Lucas. Havia um favor político a pagar...

Essa propriedade dos primos já havia sido mencionada pelo matemático e filósofo muçulmano Ibn al-Haytham, que viveu no Egito em torno do ano 1000. Outro que fez a descoberta antes de Wilson foi Gottfried Wilhelm Leibniz (1646-1716), embora não a tivesse publicado. Mas nenhum deles provou sua veracidade, eles apenas verificaram alguns casos. Waring tentou justificar: "Teoremas desse gênero serão muito difíceis de provar por causa da falta de uma notação para representar números primos". Ao ler isso, o grande Carl Friedrich Gauss (1777-1855) exclamou com desdém: "*Notationes versus notiones!*", querendo dizer que em matemática as ideias (noções) são muito mais importantes do que os símbolos (notações).

O teorema foi demonstrado em 1771, por Joseph-Louis Lagrange (1736-1813), que também provou a recíproca: se p não é primo, então o quociente de $1 \times 2 \times 3 \times \ldots \times (p-1) + 1$ por p não é um número inteiro. Talvez devesse ser chamado "teorema de Lagrange". Mas ficou "teorema de Wilson" mesmo.

A definição todos aprendemos na escola: um número primo é um número inteiro maior do que 1 que só pode ser dividido por ele próprio e por 1. Mas a teoria dos primos é rica e sofisticada. Euclides mostrou por volta de 300 a.C. que existe uma quantidade infinita de primos. Atualmente,* o maior número

---

* Desde dezembro de 2018, quando a iniciativa internacional Great Internet Mersenne Prime Search verificou computacionalmente que esse número é primo.

primo conhecido é $2^{82.589.933}-1$, que tem 24.862.048 dígitos. Para dar uma ideia da monstruosidade do número, basta lembrar que o número estimado de átomos em todo o universo observável tem cerca de 80 dígitos!

Euclides também provou o teorema fundamental da aritmética: "Todo inteiro maior que 1 pode ser escrito como produto de um ou mais primos, e essa escrita é única exceto pela ordem dos fatores". Assim, os primos são as peças básicas com que são construídos todos os números inteiros. A propósito, é por isso que eles são chamados desse jeito: *primus* é "primeiro", em latim.

O número 1 costumava ser considerado primo, mas no século XX foi excluído da lista. Uma das razões foi melhorar o enunciado do teorema fundamental da aritmética: a parte sobre a unicidade não seria verdadeira se incluíssemos o 1 entre os primos. Hoje em dia, ele é considerado um caso à parte, que não é primo nem composto (produto de dois ou mais primos). Já o 2 é o único primo par, e no começo todos os ímpares são primos: 3, 5, 7. Mas a partir do $9 = 3 \times 3$ começam a aparecer lacunas — por exemplo, de 114 a 126 não há um único primo —, e fica muito difícil prever quando surgirá o próximo.

O alemão Don Zagier (n. 1951), especialista em teoria dos números, escreveu que "os primos surgem como ervas daninhas entre os números inteiros, parecendo não obedecer a nenhuma regra a não ser a do acaso, mas também apresentam uma regularidade impressionante, e há leis governando seu comportamento, às quais eles obedecem com precisão quase militar". Uma dessas leis é o teorema dos números primos, provado pelo francês Jacques Hadamard (1865-1963) e pelo belga Charles-Jean de la Vallée Poussin (1866-1962). Ele afirma que "a fração dos números menores que um dado N que são primos é aproximadamente $1/\log N$", onde $\log N$ representa o logaritmo natural. Portanto, a percentagem de primos entre 1 e N diminui à medida que N cresce.

Os matemáticos Ben Green (n. 1977), britânico, e Terence Tao (n. 1975), australiano, conseguiram avançar muito no estudo do comportamento "aleatório" dos primos, o que lhes permitiu provar em 2004 que existem progressões aritméticas $m + r, m + 2r, m + 3r, \ldots, m + kr$ de primos com "comprimento" k tão grande quanto se queira. Esse resultado espetacular valeu a Tao, em 2006, a medalha Fields, o prêmio mais prestigioso da matemática. A progressão aritmética de primos mais longa que conhecemos tem comprimento 26.

Mas os primos continuam encerrando muitos mistérios. Um dos mais intrigantes é o problema dos "primos gêmeos". São pares de números primos ímpares consecutivos, ou seja, cuja diferença é igual a 2. Essa denominação foi usada pela primeira vez em 1916, pelo matemático alemão Paul Stäckel (1862-1919), mas o problema é muito mais antigo. Os primeiros primos gêmeos são (3, 5), (5, 7), (11, 13), (17, 19), (29, 31) e (41, 43). Há muitos outros.

Por exemplo, sabemos que existem 27.412.679 primos gêmeos com 10 dígitos ou menos. O maior primo gêmeo conhecido atualmente foi calculado em setembro de 2016 e está formado por primos com 388.342 dígitos.

À medida que vamos considerando números maiores, vai ficando cada vez mais difícil encontrá-los. Os matemáticos britânicos Godfrey Hardy (1877-1947) e John Littlewood (1885-1977) propuseram uma fórmula para calcular o número de primos gêmeos até um dado número N. Essa fórmula parece funcionar muito bem, mas até hoje não foi provada matematicamente.

Na verdade, há um problema bem mais básico que também continua sem resposta: a quantidade de primos gêmeos é finita ou infinita? Como já mencionei, a primeira prova rigorosa de que existe um número infinito de primos deve-se a Euclides e remonta ao século III a.C. Mas há muitas outras, e a minha favorita foi dada pelo grande Leonhard Euler (1707-83). O que ele mostrou foi que a soma $1/2 + 1/3 + 1/5 + 1/7 + 1/11 + 1/13 + 1/17 + 1/19 + 1/23 + 1/29 + 1/31 + 1/37 + 1/41 + 1/43 + \ldots$ dos inversos de todos os números primos é infinita. Claro que isso só pode acontecer se a quantidade de parcelas for infinita, e dessa forma fica provado que há infinitos primos.

Acontece que para primos gêmeos a situação é radicalmente diferente. Em 1919, o norueguês Viggo Brun (1885-1978) provou um teorema surpreendente: ao contrário do que acontece para todos os primos, a soma $(1/3 + 1/5) + (1/5 + 1/7) + (1/11 + 1/13) + (1/17 + 1/19) + (1/23 + 1/29) + (1/31 + 1/37) + (1/41 + 1/43) + \ldots$ dos inversos dos primos gêmeos é finita! Ela vale aproximadamente 1,902160583104... e é chamada "constante de Brun". O fato de a soma ser finita não permite concluir se a quantidade de parcelas é finita ou infinita — ou seja, não ajuda a resolver a questão da (in)finitude dos primos gêmeos.

O maior avanço na direção de resolver a questão foi obtido em 2013 pelo sino-americano Yitang Zhang (n. 1955). Em vez de pares de primos com diferença igual a 2, ele considerou diferenças quaisquer e provou que existe algum número N tal que a quantidade de pares de primos cuja diferença é N seja infinita. Por essa façanha, Zhang foi convidado a dar a palestra de encerramento do Congresso Internacional de Matemáticos de 2014, em Seul: uma grande distinção.

O argumento dele também mostrava que N pode ser escolhido menor que 70 milhões. Um projeto colaborativo, com a participação de matemáticos (e computadores) do mundo todo, conseguiu melhorar muito essa estimativa: agora sabemos que podemos tomar $N = 246$. O problema original, com $N = 2$, continua sem solução...

Curiosamente, esses estudos teóricos também tiveram uma consequência prática totalmente imprevista: pesquisando primos gêmeos por meio de computadores, em 1994 o norte-americano Thomas Nicely (1943-2019) descobriu que o processador Pentium, da Intel, tinha um erro de fabricação! Essa descoberta obrigou a empresa a fazer um recall, com prejuízo de quase meio bilhão de dólares.

Outra curiosidade: em 2011 o Google homenageou a constante de Brun oferecendo 1.902.160.540 dólares pela compra da empresa de telecomunicações canadense Nortel. Mas não foi suficiente: acabaram comprando por 3.141.592.653 dólares, que também é homenagem a outra constante, ainda mais famosa.

Falando de aplicações práticas, um fato relevante nesse domínio é que pode ser muito difícil verificar se determinado número é primo ou não: claro que sempre podemos tentar dividi-lo por todos os números menores que ele, mas isso demora muito se o número for grande. O melhor método conhecido foi descoberto em 2002, pelos indianos Manindra Agrawal, Neeraj Kayal e Nitin Saxena, porém ainda é pouco eficaz para ser usado no dia a dia. Em relação a isso, embora a multiplicação de primos seja tarefa rotineira, é muito difícil fazer a operação inversa — dado um número inteiro N qualquer, encontrar sua fatorização em números primos dada pelo teorema fundamental da aritmética —, pois essa operação inversa é muito demorada, computacionalmente, quando N é grande. Tal fato está na base de toda a criptografia moderna, que é uma das principais aplicações práticas dos números primos em nossos dias.

Isso me remete a uma das minhas historinhas favoritas. Nós, matemáticos, estamos habituados à pergunta: "para que serve o que vocês fazem?", e nem sempre é fácil responder. Fico imaginando um matemático do Egito Antigo solicitando financiamento para sua pesquisa sobre primos. "Mas isso é matemática pura, para que serve?", questiona o faraó. "É muito bonito, majestade", responde o pesquisador, "e também vai ser muito útil daqui a 4 mil anos, quando inventarem a tecnologia da informação. A civilização do século XXI não poderá existir sem minha pesquisa." Será que o colega conseguiria o financiamento?

O maior orgulho de Gauss

Usando um compasso, trace um círculo no papel. Em seguida, sem mudar a abertura do compasso, trace outro círculo, com centro em algum ponto do primeiro. Finalmente, com uma régua, ligue o centro dos dois círculos com um dos pontos em que eles se cortam. A figura obtida desse modo é um triângulo equilátero, ou seja, um triângulo em que todos os lados têm o mesmo comprimento.

Os gregos antigos sabiam como construir polígonos regulares de 3, 4, 5 e 15 lados usando apenas régua e compasso. Também sabiam como obter, a partir de qualquer polígono regular, outro com o dobro de lados. Assim, sabiam construir o hexágono regular (6 lados) a partir do triângulo equilátero. Será que todos os polígonos regulares, com qualquer número N de lados, podem ser construídos com régua e compasso?

A resposta é negativa, mas isso só foi entendido no século XVIII, quando foi provado que não é possível traçar polígonos regulares de 7 e 13 lados dessa forma. Então, quais são os valores construtíveis de N, tais que o polígono regular com N lados possa ser construído usando apenas régua e compasso?

O problema atraiu a atenção de ninguém menos que o grande Carl Friedrich Gauss (1777-1855). Em 1796, ele mostrou como construir o heptadecágono regular (17 lados) com régua e compasso. Essa era a descoberta de que Gauss mais se orgulhava. Em sua grande obra *Disquisitiones arithmeticae* [Investigações aritméticas], ele foi além, concluindo que para um polígono regular ser construtível é suficiente que o número N de lados seja o produto de uma potência de 2 por números primos de Fermat distintos. Ele também afirmou que essa condição seria necessária, mas isso só foi provado em 1837, pelo francês Pierre Laurent Wantzel (1814-48).

Pierre de Fermat (1601-65) calculou os números da forma $1 + 2^{2^n}$ para os valores de n de 0 a 4, constatou que se trata de números primos e acreditou que isso seria verdade para todos os valores de n. Mas, alguns anos depois, Leonhard Euler (1707-83) apontou que o número de Fermat com $n = 5$ não é primo e, ironicamente, até hoje ninguém encontrou mais nenhum, além dos cinco originais descobertos pelo próprio. Assim, como há 31 produtos de números primos de Fermat distintos, o teorema de Gauss-Wantzel fornece

31 números *N* ímpares que são construtíveis, e esse é o melhor resultado conhecido até hoje.

Se pararmos para pensar, esse é um teorema extremamente surpreendente... Construções com régua e compasso estão no coração da geometria, a ciência das formas, tal como ela foi concebida na Grécia clássica. Problemas como a duplicação do cubo, a trissecção do ângulo e a quadratura do círculo assombraram gerações de matemáticos ao longo de mais de dois milênios, até serem enfim resolvidos no século XIX. Já os primos são os príncipes da aritmética, a ciência dos números inteiros, cujas raízes históricas remontam às grandes civilizações da Mesopotâmia e outras mais antigas. A descoberta de que todo número inteiro se escreve de maneira única como produto de números primos (teorema fundamental da aritmética) é um dos grandes alicerces da matemática.

Como é possível que a solução de um problema de construção de polígonos seja ditada por questões de fatoração de números? O que uma coisa tem a ver com a outra?

A matemática, tantas vezes descrita de maneira simplista como "ciência dos números", contém a geometria, a aritmética e muitas outras áreas do conhecimento, como álgebra, análise, topologia e probabilidade, entre outras. Mas, e nisso consiste talvez seu maior fascínio, a matemática contém também o estudo das conexões, surpreendentes e misteriosas, entre esses temas aparentemente tão díspares. O teorema de Gauss-Wantzel é um belo exemplo disso.

Por isso, existem tantas áreas com nomes geminados: a geometria analítica, criada pelo matemático e filósofo francês René Descartes (1596-1650); a análise geométrica, bem mais recente; a topologia algébrica; a geometria algébrica; a geometria aritmética e muitas outras. Tantas que me vem à mente uma conferência, alguns anos atrás, em que um palestrante fez questão de explicar, com alguma dose de ironia, que sua área de pesquisa era a "geometria geométrica"...

O melhor de tudo é que a descoberta de tais conexões continua sendo um frutífero campo de pesquisa, com aplicações, por exemplo, na física dos nossos dias.

As primeiras professoras universitárias

A italiana Maria Gaetana Agnesi (1718-99) foi uma criança prodígio. Aos cinco anos, era fluente em francês, além da língua materna, e aos onze também falava grego, hebraico, espanhol, alemão e latim. Adolescente, impressionou os amigos do pai com um discurso sobre o direito das mulheres a aprenderem "as belas-artes e a sublime ciência". Em latim.

A essa altura ela já evidenciava forte gosto pela matemática, estudando as obras dos grandes especialistas de seu tempo. A vontade de cuidar dos irmãos e irmãs — era a mais velha dos 21 filhos que seu pai teve em três casamentos — impediu que realizasse na juventude outra grande vocação sua: tornar-se freira. Mas desse cuidado resultou o livro *Instituições analíticas para uso da juventude italiana* (1748), que escreveu para ensinar matemática às crianças. Traduzido para diversas línguas, trouxe-lhe amplo reconhecimento internacional. Entre os seus admiradores, está ninguém menos que a imperatriz Maria Teresa (1717-80), da Áustria, e o papa Bento XIV (1675-1780).

O pontífice a convidou para assumir a cátedra de Matemática e Ciências Naturais na Universidade de Bolonha. Depois de sua compatriota Laura Bassi, de quem falarei em seguida, Agnesi foi a segunda mulher na Europa a deter um cargo de professora universitária, embora não tenha chegado a exercê-lo. Nos últimos anos de vida, com os irmãos crescidos, ficou finalmente livre para adotar um modo de vida recluso, compatível com seu temperamento: foi morar num convento e dedicar-se à religião e à filantropia. Morreu pobre, em 1799, e foi sepultada em vala comum.

O talento de Laura Bassi (1711-78) também foi reconhecido cedo pelo cardeal Prospero Lambertini, o futuro papa Bento XIV, que se tornou seu patrono. Aos 21 anos, foi nomeada professora de anatomia, e dois anos depois passou a ensinar também filosofia, sempre em Bolonha. Recebia salário, mas, como era esperado que mulheres se comportassem de modo discreto, tinha de dar a maior parte das aulas em casa. Assim mesmo, a universidade não deixou de tirar proveito do simbolismo de sua presença, que tinha valor político.

Laura se casou em 1738 com o médico Giuseppe Veratti (1707-93), com quem teve entre oito e doze filhos. Em 1772, morreu o catedrático de

Física Experimental com quem Veratti trabalhava, como assistente. Incrivelmente, a universidade escolheu Laura para suceder a ele, mantendo o marido como assistente. Anos depois, em 1778, debilitada por múltiplas gestações, ela morreu.

Casos como esses, de mulheres dependentes da ação individual de um protetor masculino — nesse caso, Lambertini —, não fizeram escola no cenário universitário europeu: ainda demoraria para que outras ascendessem à cátedra universitária, em particular no mundo masculinizado das ciências. Quando isso começou a acontecer, a própria carreira também mudava, combinando a docência propriamente dita com a pesquisa, que se iniciava com os trabalhos de doutorado.

Para Sofia Kovalevsky (1850-91), a primeira doutora em matemática na Europa, o gosto pela disciplina teve a origem mais inusitada e fortuita que eu conheço: quando era adolescente, as paredes do seu quarto eram forradas com páginas do livro de cálculo de Ostrogradsky que seu pai usara na escola. Nelas, a jovem Sofia aprendeu os rudimentos de derivação e integração.

Mas a Rússia do século XIX não oferecia às mulheres espaço para uma educação científica, e a família não via com bons olhos as ideias de Sofia e seus amigos sobre emancipação feminina. Então ela tomou o único caminho disponível: aos dezoito anos, contraiu um casamento de fachada com o jovem paleontologista Vladimir Kovalevski (1842-83). No ano seguinte, os dois viajaram para a Alemanha. Em Heidelberg, ele estudou geologia e ela teve aulas com cientistas como Gustav Kirchoff (1824-87) e Hermann von Helmholtz (1821-94). Em 1871, quando Vladimir foi fazer o doutorado em Jena, Sofia mudou-se para Berlim, onde estudou por quatro anos sob a orientação do maior matemático daquele tempo: Karl Weierstrass (1815-97). Nesse período, escreveu três excelentes trabalhos científicos, que formaram sua tese de doutorado.

Seu resultado mais importante, conhecido como teorema de Cauchy-Kovalevski (o francês Augustin-Louis Cauchy, 1789-1857, provou um caso particular, e Kovalevski obteve o caso geral), até hoje é uma pedra fundamental da teoria das equações diferenciais.

Mesmo com o doutorado e as enfáticas cartas de apoio de Weierstrass, Sofia não conseguiu obter emprego em nenhum lugar da Europa. Em 1874, reuniu-se com Vladimir na Rússia e, não sabemos bem por quê, começaram a viver como um casal de fato. A única filha do casal, Fufa, nasceu em 1878. No entanto, Vladimir também não conseguiu emprego na universidade, devido a suas ideias políticas radicais, e, ingênuo, acabou se envolvendo em negócios arriscados. Em 1883, arruinado e sob risco de ser processado por fraude, cometeu suicídio.

Nesse mesmo ano, com a ajuda do matemático sueco Gösta Mittag-Leffler (1846-1927), Sofia finalmente conseguiu uma posição de professora universitária em Estocolmo, onde fez algumas de suas pesquisas mais importantes. Em 1888, ganhou o prêmio Bordin da Academia de Ciências da França, com o artigo "A rotação de um corpo sólido". Os avaliadores ficaram tão impressionados com o trabalho dela que aumentaram o valor do prêmio de 3 mil para 5 mil francos! No ano seguinte, foi eleita para a Academia de Ciências da Rússia. Morreu menos de dois anos depois, em 1891, vítima de pneumonia.

A primeira mulher na era moderna a ocupar posição de professora universitária, e também a proferir uma palestra plenária no Congresso Internacional de Matemáticos (ICM na sigla em inglês), foi a alemã Emmy Noether (1882-1935). Filha do matemático judeu Max Noether (1844-1921), ela estudou na Universidade de Erlangen, onde seu pai era professor: apenas duas mulheres entre cerca de mil estudantes. Ao fim do doutorado, lecionou por sete anos na universidade, sem salário.

Em 1915, foi convidada por David Hilbert (1862-1943) e Felix Klein (1849--1925) a integrar o departamento de matemática da famosa Universidade de Göttingen. Professores da faculdade de história e filosofia se opuseram à contratação: "Seria inaceitável que os soldados voltassem [da guerra] para a universidade e encontrassem uma mulher dando aulas". Hilbert retorquiu: "Não vejo como o sexo da candidata possa ser um argumento contra sua admissão como docente. Estamos em uma universidade, não em uma casa de banhos públicos". Ainda assim, em seus primeiros anos em Göttingen, Emmy Noether não tinha salário nem posição oficial: suas turmas eram atribuídas a Hilbert, e ela simplesmente aparecia para dar as aulas.

Noether é autora de muitos trabalhos matemáticos importantes, especialmente na área de álgebra. O famoso teorema de Noether explica a conservação de grandezas físicas, como a energia ou o momento, por meio de simetrias das leis da natureza. É uma ideia profunda, que teve enorme influência na física do século XX, particularmente na teoria da relatividade e na mecânica quântica.

Quando proferiu sua palestra plenária no ICM de 1932, em Zurique, ela já estava entre os maiores matemáticos de seu tempo. Foi o primeiro Congresso Internacional de Matemáticos sem boicote aos perdedores da Primeira Guerra Mundial, e o último antes que a sombra do nazismo se abatesse sobre a Europa. No ano seguinte, os judeus foram afastados das universidades alemãs. Em abril, Noether recebeu um aviso do ministro: "Nos termos do parágrafo 3º do Código de Serviço Civil, de 7 de abril de 1933, retiro seu direito de lecionar na Universidade de Göttingen". No mesmo ano, ela emigrou para os Estados Unidos, onde morreria em 1935, aos 53 anos.

Desde 1994, a cada ICM, Emmy Noether é homenageada com uma palestra especial, apresentada por uma mulher "que tenha feito contribuições fundamentais e consistentes às ciências matemáticas". Em 2018, no Rio de Janeiro, a escolhida foi a sino-americana Sun-Yung Alice Chang (n. 1948), da Universidade de Princeton.

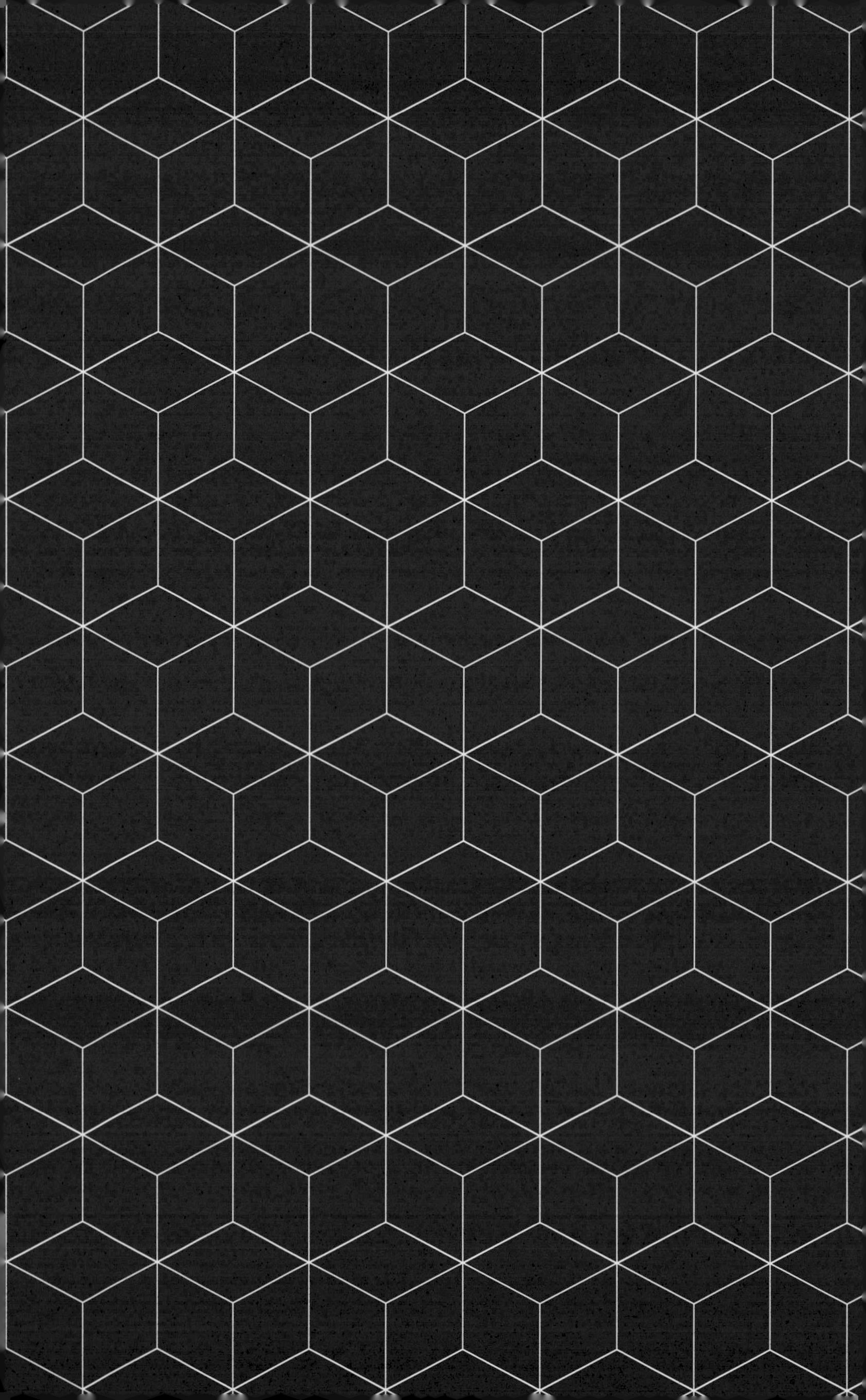

Século XIX

Ciência napoleônica

Napoleão Bonaparte foi um dos maiores generais e estrategistas da história. Foi também o governante e estadista que reconstruiu o Estado francês dos escombros da Revolução de 1789, fazendo da França a maior potência de seu tempo. O que é menos sabido é que Napoleão também foi matemático e cientista praticante, imerso nos avanços científicos de sua época e totalmente consciente de sua importância para o desenvolvimento do país.

As anedotas de seu tempo na escola militar o descrevem como um excelente aluno e uma pessoa extremamente ambiciosa. Uma delas conta que o professor e grande matemático marquês de Laplace (1749-1827) passou o *Curso de matemáticas para uso do corpo real de artilharia*, de Étienne Bézout (1730-83), com seus quatro espessos volumes, para os alunos estudarem em dois anos. Sabendo que a matemática era indispensável nos exames para promoção, Napoleão pôs foco total nessa tarefa, deixando de lado matérias como latim, alemão, gramática e ortografia. Valeu a pena: apenas um ano depois, aos dezesseis, já era oficial de artilharia. Aos 24 anos seria general.

Ao longo da vida, Napoleão manteve o interesse pela matemática e pela ciência. É um raríssimo caso de governante que também foi membro da Academia de Ciências de seu país (o Institut de France), participando ativamente nas sessões. Apenas dois dias após tomar o poder na França, por meio do golpe de Estado de 18 de Brumário, compareceu normalmente à academia para apresentar um trabalho intitulado *Memória sobre as equações às diferenças mistas*. Para evitar constrangimentos assinou, simplesmente, "cidadão Bonaparte".

Continuou apaixonado pela matemática e participando nos trabalhos da academia por um longo período, embora a frequência fosse diminuindo à medida que aumentavam suas responsabilidades como governante. Em 1802, escreveu a seu ex-professor Laplace: "Vivo a tristeza de não poder dedicar [ao estudo da matemática] o tempo e a atenção que ele merece. É mais uma ocasião para me afligir com a força das circunstâncias que me conduziram para outra carreira, na qual me encontro tão longe da carreira das ciências".

Outra história conta que nas noites que precediam as grandes batalhas, Napoleão relaxava resolvendo problemas de geometria. Para mim, tem todo o sentido: já fiz exatamente o mesmo — em circunstâncias menos dramáticas. Talvez o lindo teorema de Napoleão seja o resultado de uma dessas vigílias antes da batalha. Ignoramos até se o teorema é realmente de autoria do imperador ou se lhe foi atribuído por alguém para torná-lo mais "interessante". Seja como for, os leitores merecem conhecer essa pequena maravilha matemática.

Considere um triângulo *ABC* qualquer. Desenhe 3 triângulos equiláteros (com três lados de igual comprimento), como indicado na figura: cada um deles tem um lado em comum com o triângulo *ABC*. Agora considere o triângulo *GHI*, formado pelos centros desses três triângulos *ACF*, *BAD* e *CBE*. Segundo o teorema de Napoleão, esse triângulo *GHI* é sempre equilátero: não importa a escolha do triângulo *ABC*, os três lados do triângulo *GHI* terão o mesmo comprimento.

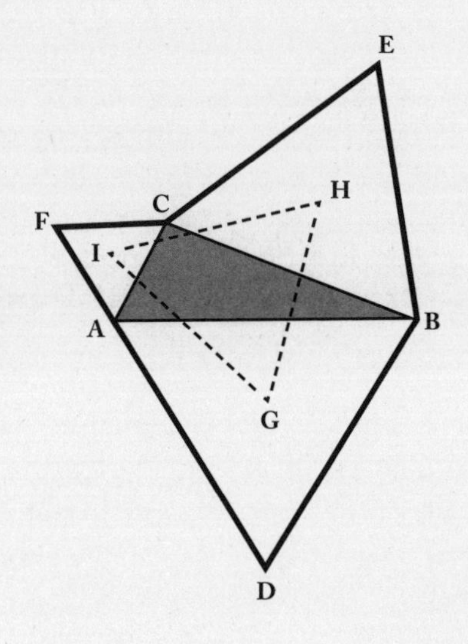

Representação geométrica do teorema de Napoleão: qualquer que seja o triângulo 'ABC', os três lados do triângulo 'GHI' têm o mesmo comprimento

Em outra carta a Laplace, de 1812, em plena invasão da Rússia, Napoleão escreveu que "o avanço e a perfeição da matemática estão intimamente ligados à prosperidade do Estado". As campanhas napoleônicas viraram a Europa de pernas para o ar, causaram milhares de mortes e foram determinantes até para a história do Brasil. Para alguns, ele foi um agressor sanguinário e um tirano, para outros um gênio militar e um estadista sem igual.

De todo o legado napoleônico, talvez o mais importante seja a ideia — nova naquele tempo — de que uma nação que se quer forte e próspera precisa de uma verdadeira política científica. Duzentos anos depois, é hora de o Brasil aprender essa novidade.

A Polícia Celestial em busca do planeta perdido

No espaço de dois séculos, os trabalhos de Nicolau Copérnico (1473-1543), Giordano Bruno (1548-1600), Galileu Galilei (1564-1642) e Johannes Kepler (1571-1630) revolucionaram a nossa visão do universo, ao postular que os planetas, inclusive a Terra, se movem em torno do Sol, o que eliminava o protagonismo de nosso planeta. Mas muitas questões permaneceram misteriosas, no que diz respeito à existência e ao comportamento dos planetas conhecidos na época: Mercúrio, Vênus, Terra, Marte, Júpiter e Saturno. Nisso até os mais brilhantes astrônomos deram passos em falso, como acontece com frequência com quem trabalha na fronteira do conhecimento.

Kepler acreditava que a existência de cinco planetas, além da Terra, estaria ligada ao fato de existirem exatamente cinco sólidos platônicos: tetraedro, cubo, hexaedro, dodecaedro e icosaedro. A descoberta de Urano, por William Herschel (1738-1822) em 1781, deu um golpe de morte nesse belo modelo kepleriano.

Outra ideia controversa foi proposta pelos alemães Johan Titius (1729--96) e Johann Bode (1747-1826): os raios das órbitas dos planetas estariam na mesma proporção que certa sequência de números dada por uma regra matemática precisa: 0,4 (Mercúrio), 0,7 (Vênus), 1,0 (Terra), 1,6 (Marte), 2,8 (??), 5,2 (Júpiter) e 10,0 (Saturno). Para o planeta seguinte, caso existisse, seria 19,6. De fato, o raio orbital de Urano, descoberto por Herschel em 1871, é 19,2 vezes maior que o da Terra. Mas, para fazer a lei funcionar, era necessário postular a existência de um planeta desconhecido entre Marte e Júpiter, correspondendo ao valor 2,8. "Alguém acredita que o Fundador do Universo deixaria esse espaço vazio? Claro que não", assegurou Bode.

Em 1800, a revista astronômica alemã *Correspondência Mensal* convidou 24 astrônomos renomados para uma busca sistemática do planeta misterioso. Esse grupo, que ficou conhecido como Polícia Celestial, realmente encontrou três grandes asteroides. O primeiro, e maior de todos, fora observado pelo sacerdote e astrônomo italiano Giuseppe Piazzi (1746-1826) em 1º de janeiro de 1801, antes mesmo de receber o convite para integrar a Polícia Celestial. Piazzi chamou o novo astro Ceres, e publicou a descoberta na *Correspondência Mensal* em setembro daquele ano.

O achado não pôde ser confirmado logo por outros astrônomos, porque no meio-tempo Ceres ficara demasiado próximo do Sol no céu e não pôde ser observado. Voltaria a ficar visível no fim do ano, mas era muito difícil prever onde estaria após tanto tempo. A situação foi salva pelo grande matemático Carl Friedrich Gauss (1777-1855), por meio de um novo método de cálculo de órbitas que desenvolveu em apenas duas semanas. Usando seus cálculos, a Polícia Celestial reencontrou Ceres no céu em 31 de dezembro.

O trabalho de Gauss, publicado em 1809, também contém a afirmação de que desde 1795 ele vinha usando o "método dos mínimos quadrados", uma das principais ferramentas do cálculo científico. Isso criou uma disputa com o francês Adrien-Marie Legendre (1752-1833), que fora o primeiro a publicar esse método, em 1805.

A órbita de Ceres estava bem próxima da previsão de Titius-Bode, mas o novo astro era pequeno demais para ser tomado a sério como planeta. Foi chamado de asteroide, e atualmente é considerado um planeta anão. Com a descoberta de Netuno, a lei de Titius-Bode ficou desacreditada, e atualmente é considerada apenas uma coincidência sem fundamento científico.

Sobrou essa história, um belo exemplo de que resolver problemas concretos sobre o mundo que nos cerca leva à descoberta de poderosas ferramentas abstratas, fazendo a matemática avançar.

Um planeta na ponta da caneta

O movimento dos astros nos céus é um dos enigmas mais antigos e intrigantes da história da humanidade. Mesopotâmios, egípcios, chineses, persas, gregos, maias, todas as grandes civilizações buscaram dar um sentido a esse movimento, entender e prever a evolução do firmamento. Quase sempre apelando para a religião e o misticismo, na falta de outros instrumentos.

Na Idade Média europeia, as esporádicas visitas de cometas eram vistas como prenúncio de desgraças. Com o Renascimento, veio um passo fundamental: o abandono da hipótese geocêntrica — a ideia de que os corpos celestes giram em torno da Terra — em proveito da heliocêntrica — que afirma que os planetas, incluindo a Terra, giram em torno do Sol. Não que a segunda seja mais correta que a primeira (não é!): mas ela torna as equações dos movimentos celestes muito mais simples e, por isso, mais transparentes para serem entendidas. Assim, a contribuição de Nicolau Copérnico (1473-1543), Giordano Bruno (1548-1600) e Galileu Galilei (1564-1642) não foi tanto descobrirem "a verdade", mas sim facilitarem o caminho para a compreensão do universo.

Com base na enorme quantidade de observações realizadas por Tycho Brahe (1546-1601), seu discípulo Johannes Kepler (1571-1630) formulou no início do século XVII três leis matemáticas, que descrevem muito bem o movimento dos planetas em torno do Sol. As trajetórias são elipses, parábolas ou hipérboles, e não círculos como preconizara o grego Ptolomeu no século II.

Em seguida vieram duas descobertas extraordinárias, ambas ligadas ao nome do grande Isaac Newton (1643-1727): a lei da gravitação universal (*Philosophiae naturalis principia mathematica* [Princípios matemáticos da filosofia natural], publicado em 1687) e o cálculo matemático (*Methodus fluxionum et serierum infinitarum* [Método das fluxões e das séries infinitas], redigido em 1671, mas publicado apenas em 1736). A partir daí, uma única equação, amparada pelas poderosas ferramentas do cálculo, vai permitir descrever e prever de modo preciso o movimento dos diferentes corpos celestes. O céu funciona como um relógio matemático!

É verdade que a equação da gravitação é difícil, muito difícil mesmo. Mas os matemáticos dos séculos XVIII e XIX, especialmente Joseph-Louis

Lagrange (1736-1813), Pierre-Simon Laplace (1749-1827) e Urbain Le Verrier (1811-77), desenvolveram diversos métodos para resolvê-la com grande precisão. Atualmente, com os refinamentos introduzidos pela gravitação relativística de Albert Einstein (1879-1955) e a potência dos computadores modernos, podemos fazer simulações da evolução de nosso sistema solar ao longo de períodos de bilhões de anos.

Mas o triunfo mais espetacular da matemática no domínio da astronomia continua sendo a descoberta de Netuno. Os astrônomos (e os astrólogos) antigos só conheciam seis planetas, de Mercúrio a Saturno. Urano tinha sido descoberto em 1781, pelo astrônomo britânico William Herschel (1738-1822), observando diretamente o céu. Algumas décadas depois, os dados acumulados já mostravam que Urano não estava se movimentando conforme previsto pela lei da gravitação — sugeria-se que fosse pela presença de outro planeta, até então desconhecido.

Durante dois anos, Le Verrier fez cálculos (complicadíssimos!) para determinar a localização desse misterioso novo planeta a partir do efeito que ele causa em Urano. Então enviou as coordenadas ao astrônomo alemão Johann Gottfried Galle (1821-1910), que, na noite de 23 de setembro de 1846, observou o planeta no exato lugar apontado pelo matemático francês! François Arago (1786-1853), diretor do Observatório de Paris, escreveu orgulhoso: "Le Verrier descobriu um novo astro sem precisar olhar uma única vez para o céu; ele o enxergou na ponta de sua caneta".

Lamentavelmente, a descoberta causou mal-estar do outro lado do canal da Mancha. Acontece que o britânico John Adams (1735-1826) também vinha fazendo esses cálculos. Muitos acusaram (injustamente, ao que tudo indica) o Astrônomo Real, Sir George Airy (1801-92), de não ter reagido com a devida prontidão ao trabalho de Adams, dando à França a chance de vencer a Inglaterra numa questão tão importante. Um lado bom da história é que a disputa nacionalista não contaminou as relações pessoais: Le Verrier e Adams encontraram-se no ano seguinte e tornaram-se bons amigos.

Um efeito colateral desses avanços é que os astrólogos acrescentaram Urano, Netuno e, depois, Plutão à lista de planetas em seus mapas astrais (suponho que Plutão esteja sendo retirado agora, em face do desprestígio que constituiu sua reclassificação como planeta anão). Não tenho ideia se esses ajustes tornaram a indústria dos horóscopos mais precisa. Afinal, atribuem ao sarcástico filósofo francês Voltaire (1694-1778) a afirmação de que "é muito difícil fazer previsões, ainda mais sobre o futuro".

A não ser que você saiba matemática, *évidemment!*, poderia dizer Le Verrier.

O astrônomo que não encontrou Netuno

O matemático e astrônomo inglês Sir George Airy (1801-92) ocupa lugar proeminente na história da astronomia, por razões boas e ruins.

Nascido em uma família humilde, aos dezoito anos o talento para a matemática lhe abriu as portas do famoso Colégio Trinity, da Universidade de Cambridge. Mas, ao contrário dos colegas mais endinheirados, Airy precisou trabalhar como servente da universidade para pagar os estudos.

Uma de suas principais realizações científicas foi a determinação do raio polar e do raio equatorial da Terra. Embora agora existam estimativas melhores, os resultados de Airy ainda são suficientemente bons para certas aplicações práticas. Por mais de trinta anos, ele buscou calcular a densidade média do planeta por meio de medições com pêndulos. Após várias tentativas fracassadas, em 1856 chegou ao valor de 6,6 gramas por centímetro cúbico, pouco maior que o correto, 5,5 gramas por centímetro cúbico.

Em 1824, Airy conheceu a bela Richarda (1804-75), filha do reverendo Richard Smith: "Nossos olhos se encontraram... e meu destino estava selado... eu sabia que teríamos que ficar juntos". Com apenas 25 anos, tornou-se professor lucasiano na Universidade de Cambridge, a cátedra universitária mais prestigiosa do mundo, que foi ocupada por Isaac Newton (1643-1727), Charles Babbage (1791-1871), Paul Dirac (1902-84) e Stephen Hawking (1942-2018). Entretanto, isso não bastou para obter o consentimento do reverendo para o casamento, pois o salário de Airy era de apenas cem libras por ano. Em 1830, ele foi nomeado para a cátedra plumiana — que, embora menos renomada, pagava cinco vezes mais — e pôde enfim casar com a mulher amada. Tiveram nove filhos.

A maior parte do renome científico de Airy vem de sua atuação como Astrônomo Real e diretor do Observatório de Greenwich, funções que ocupou de 1835 a 1881. Quando assumiu o cargo, o Observatório era uma instituição em decadência. Ele reorganizou profundamente seu funcionamento, transformando-o no principal centro mundial de pesquisa em astronomia. Deve-se a Airy a criação, em 1851, do conceito de meridiano de Greenwich, que serve até hoje como referência na definição da hora oficial (fuso horário) em todo o mundo.

Mas a reputação de Airy acabaria sendo afetada, injustamente, pela controvérsia em torno da descoberta de Netuno. As anomalias observadas pelos astrônomos no movimento de Urano tinham levantado a suspeita de que poderia existir um oitavo planeta, desconhecido até então. Em 1846, dois matemáticos — o inglês John Adams (1819-92) e o francês Urbain Le Verrier (1811-77) — estavam fazendo cálculos complexos para encontrar a posição desse astro. Segundo o relato corrente, Adams teria solicitado a Airy que verificasse seus cálculos por meio da observação, e este não teria sido suficientemente diligente. Sabemos agora que Adams só tratou do tema com Airy em duas ocasiões. Na primeira, os cálculos estavam incompletos, e não havia nada a fazer. Na segunda, Adams apareceu sem avisar, na hora do jantar (no dia do aniversário de casamento de Airy!), e o astrônomo exigiu que marcasse outra hora, o que ele nunca fez.

Muito ocupado com suas obrigações, Adams não voltou ao tema. Os cálculos de Le Verrier foram confirmados em 23 de setembro de 1846 pelo astrônomo alemão Johann Gottfried Galle (1821-1910), fazendo com que a glória fosse para a rival França. As críticas, tanto de ingleses quanto de franceses, amarguraram os últimos anos da vida de Airy.

A matemática do País das Maravilhas

"Bom", disse Alice, "no meu país, correndo assim, teríamos chegado a algum lugar." "É um país muito lento!", respondeu a Rainha. "Aqui precisamos correr o máximo para ficar no mesmo lugar. Se quiser ir a algum lugar, tem que correr o dobro!"

O universo de *Alice através do espelho* e *Alice no País das Maravilhas* está cheio de paradoxos que desconcertam e fascinam crianças e adultos há gerações. E a matemática está por toda parte. "Vejamos: 4 vezes 5 é 12, e 4 vezes 6 é 13, e 4 vezes 7 é... nossa! Desse jeito nunca chegarei a 20!", lamenta-se Alice.

Não surpreende, pois o autor, Lewis Carroll (1832-98), era professor de matemática. Mas não se trata de mero jogo de contradições: há razões para crer que *Alice* também é uma sátira do modo como a matemática estava ficando mais abstrata.

Charles Lutwidge Dodgson (Lewis Carroll era pseudônimo literário) pertencia a uma família com tradições de serviço na Igreja anglicana, e ele próprio se ordenou. Tendo provado seu talento para a matemática nos estudos em Oxford, tornou-se professor da disciplina nessa universidade. Tinha grande interesse pela fotografia, que ainda estava em seus primórdios. Chegaram até nós várias fotos que ele tirou, inclusive das três irmãs Liddell, as jovens filhas do decano de uma das faculdades de Oxford. *Alice no País das Maravilhas* começou com uma história que contou às meninas durante um passeio de barco. A do meio, Alice Liddell, instou-o a registrá-la por escrito.

Conta-se que os livros de "Alice" chegaram ao conhecimento da rainha Vitória (1819-1901). Encantada, ela escreveu parabenizando e dizendo que adoraria ler as demais obras do autor. Travesso, Carroll enviou à soberana seu *Tratado elementar da teoria dos determinantes e aplicação à teoria das equações simultâneas lineares e algébricas*. Infelizmente, não sabemos se Vitória apreciou.

Profundamente conservador em tudo, Carroll repudiava as geometrias não euclidianas, os números imaginários e outros avanços da matemática. *Alice* está repleta dessa indignação.

"Diga o que quer dizer!", exige a Lebre. "Eu quero dizer o que digo, é o mesmo!", retorque Alice. "Totalmente diferente!", contesta a Lebre, "Por acaso, 'vejo o que como' é o mesmo que 'como o que vejo'?!" Uma paródia da álgebra abstrata e suas operações não comutativas.

E a famosa cena do chá, com o Chapeleiro Louco, a Lebre e o Arganaz, seria uma sátira da teoria dos quaternions de William Rowan Hamilton (1805-65). A teoria descreve os movimentos no espaço tridimensional, mas só funciona se considerarmos uma quarta dimensão, o tempo: sem ela, só existem as rotações em círculos. No livro há um quarto personagem, o Tempo, mas ele havia saído (a Rainha teria mandado cortar-lhe a cabeça) e, sem ele, os outros três são forçados a repetir seus gestos em círculos.

George Boole e as leis do pensamento

A querida leitora é candidata a um ótimo emprego. A empresa faz uma série de perguntas às quais a leitora deve responder de forma binária: "sim" ou "não". A partir dessas respostas, o contratante decide a contratação, também de forma binária.

Infelizmente, a resposta é negativa! E a leitora se questiona — de maneira hipotética, claro! — se não teria sido melhor dar "um jeitinho" em algumas respostas... Quantas mentirinhas teriam sido suficientes para que o resultado passasse a ser positivo?

Esse é um exemplo do que os matemáticos e cientistas da computação chamam "função de Boole", que é uma regra qualquer para transformar certo número de dados binários (as respostas da leitora) em um resultado também binário (a decisão sobre contratá-la ou não). O exemplo interessante mais simples é a "negação", que usa apenas um dado: se o seu valor é "sim", o resultado é "não"; e se o valor do dado é "não", o resultado é "sim".

A denominação homenageia o matemático e filósofo inglês George Boole (1815-64), autor do livro *As leis do pensamento* (1854), no qual ele introduziu o que hoje chamamos "álgebra de Boole", que é uma formulação matemática da lógica. Nessa teoria, os valores binários podem ser "sim" e "não", como no nosso exemplo, ou "verdadeiro" e "falso", ou até 1 e 0, que são os favoritos da minha turma: não faz diferença. Não é uma área especialmente difícil da matemática: estudei seus fundamentos no início do ensino médio. Mas dizer que é extremamente importante, útil e atual seria pouco: tudo o que os computadores eletrônicos fazem é calcular funções de Boole, por isso a álgebra de Boole está na base de toda a ciência e tecnologia da computação.

O número de mudanças nos dados (as hipotéticas mentirinhas da leitora) suficiente para inverter o resultado é chamado "sensibilidade" da função de Boole. É uma maneira de medir quão complexa é a função. Há outras, mas os cientistas da computação mostraram que todas as demais dão resultados semelhantes: a única que resistia a se encaixar nessa teoria era, precisamente, a sensibilidade. Em 1992, os pesquisadores Noam Nisan (n. 1961), de Israel, e Mario Szegedy (n. 1960), dos Estados Unidos, conjecturaram que a sensibilidade também concorda com as demais medidas de complexidade, mas durante quase três décadas ninguém conseguiu provar esse fato. Até que em 2019 o jovem pesquisador Hao Huang, da Universidade Emory, nos Estados Unidos, surpreendeu todos com uma solução.

Huang se interessara pela conjectura logo que ouviu falar dela pela primeira vez, em 2012, e manteve o desafio em mente enquanto trabalhava em problemas mais acessíveis. Dez anos antes, Craig Gotsman, dos Estados Unidos, e Nati Linial (n. 1953), de Israel, tinham observado que para resolver o problema bastaria provar certa afirmação sobre vértices de cubos em muitas dimensões, mas ninguém sabia fazer isso também.

Huang teve a ideia de usar um resultado matemático com mais de duzentos anos: o teorema de interligação do francês Augustin-Louis Cauchy (1789-1857). Empolgado com essa abordagem, decidiu solicitar uma bolsa da Fundação Nacional para a Ciência (National Science Foundation, NSF), para ter os meios para se dedicar à tarefa. Em um serão no hotel, enquanto escrevia o plano de trabalho para a bolsa, percebeu como transformar a ideia numa prova completa! O melhor de tudo é que a prova de Huang não ocupa nem duas páginas (o trabalho todo tem seis), é de uma clareza cristalina e abre a perspectiva de se provarem outros resultados.

O matemático húngaro Paul Erdös (1913-96) falava de *O Livro*, obra escrita pela divindade (Erdös era agnóstico) que conteria as provas perfeitas dos mais belos teoremas. Ele certamente concordaria que o argumento de Huang é "tirado d'*O Livro*", o maior elogio que pode ser feito a um raciocínio matemático.

Estatística sem espuma

Pesquisas eleitorais são feitas por meio de entrevistas a eleitores. Presenciais, por telefone, e-mail ou outro meio, essas enquetes custam tempo e dinheiro. Está fora de questão entrevistar todo mundo, os pesquisadores precisam se contentar com uma pequena amostra de mil a 2 mil pessoas ou até menos. Como escolher esse grupo de modo que o resultado seja representativo? E como avaliar quão representativo ele é para um dado tamanho da amostra, como determinar a margem de erro da pesquisa?

Problemas semelhantes surgem o tempo todo nos mais diversos campos. Ao longo de pouco mais de cem anos, foram desenvolvidas diversas ideias e técnicas que fazem dessa área da estatística uma ferramenta poderosa, com aplicações bilionárias em todo o setor produtivo: controle de qualidade industrial, desenho eficaz de testes e muito mais. O que poucos sabem é que tudo começou motivado pelo nobre objetivo de produzir boa cerveja.

No fim do século XIX, a famosa Guinness, de Dublin, capital da Irlanda, era a maior cervejaria do mundo. Era também um local de trabalho fantástico: contratava os jovens cientistas mais brilhantes e lhes dava total liberdade para desenvolver suas ideias em proveito da empresa. Era o Google da época. Foi assim que William Sealy Gosset (1876-1937), recém-formado na Universidade de Oxford, foi contratado em 1899.

A Guinness estava expandindo a produção tentando cortar custos, e a preocupação era manter a qualidade da lendária cerveja, que era densa, escura e amarga. A essa altura, a fábrica já consumia mais de 2 mil toneladas de lúpulo por ano — usado para perfumar a cerveja — e era impossível verificar a qualidade de todo o fornecimento. Os técnicos testavam por amostragem, mas não havia modo seguro de saber se as amostras eram suficientes, nem de interpretar os resultados. Se uma amostra dá resultado um pouco melhor do que outra, como saber se a diferença é significativa ou mero acaso?

Gosset foi convidado a ajudar. Parece que a escolha se deve à suposição de que — por ter estudado um pouco de matemática em Oxford com o astrônomo real Sir George Airy (1801-92) e outros professores — ele deveria ter "menos medo" desse tipo de tarefa que seus colegas químicos...

De modo empírico, por experimentação, Gosset foi avaliando o grau de confiabilidade dos resultados de uma amostragem, duas e assim por diante. Desse modo, desenvolveu uma série de ideias que viriam a transformar essa área da ciência, chamada "inferência estatística", em um instrumento bilionário. Seus chefes estavam eufóricos: as ideias de Gosset conferiam à Guinness grande vantagem competitiva sobre a concorrência.

Mas ele queria mais: ir além da experimentação e entender a matemática por trás das observações. Pediu e conseguiu da empresa o direito a passar um ano estudando e pesquisando com Karl Pearson (1857-1936), professor do renomado Colégio Universitário de Londres (University College London, UCL).

No fim, Gosset estava ansioso para publicar os resultados científicos e partilhá-los com mais gente. Mas a Guinness não queria abrir mão da vantagem estratégica. Após muita argumentação, consentiu que publicasse os aspectos matemáticos do trabalho, desde que usasse um pseudônimo: não sabendo que o autor era funcionário da Guinness, as outras cervejarias não se dariam conta do potencial comercial da pesquisa. Modestamente, Gosset escolheu o pseudônimo Student ("estudante").

Tenho certeza de que eu e os meus colegas de faculdade teríamos apreciado ainda mais a "distribuição *t* de Student" do curso de estatística se soubéssemos, então, de sua importância para a sublime ciência e arte da boa cerveja!

A genialidade e o potencial das ideias de Gosset foram reconhecidos por Sir Ronald Fisher (1890-1962), considerado um dos fundadores da estatística, ao lado de Pearson. Fisher divulgou, desenvolveu e aprofundou muito essas ideias, mas Gosset continua bem menos conhecido do que merece. Até porque foi um sujeito muito legal: testemunhos o descrevem como "um gentleman", "muito agradável" e "humilde, com ótima personalidade". Gosset conseguiu até a façanha de ser amigo tanto de Pearson quanto de Fisher, dois senhores com egos gigantescos e que se detestavam profundamente.

Hoje em dia, os meios de comunicação estão cheios de informações estatísticas que, supõe-se, tornam as notícias mais objetivas e confiáveis. Mas será que o público, e os próprios jornalistas, compreendem o significado dessas informações? Vejamos esta manchete de um jornal norte-americano: "Estatística mostra que gravidez na adolescência cai significativamente após os 25 anos de idade"...

O escritor inglês H. G. Wells (1866-1946), autor de clássicos como *A máquina do tempo*, *O homem invisível* e *A guerra dos mundos*, escreveu que "o pensamento estatístico um dia será tão necessário para o exercício eficiente da cidadania como a capacidade de ler e escrever".

Uma das novidades mais refrescantes da Base Nacional Comum Curricular (BNCC) é o reforço substancial do papel da estatística na educação brasileira.

Em pouco mais de um século, essa disciplina tornou-se a ciência matemática que se relaciona mais diretamente com nosso cotidiano. Só por isso, ela já merece lugar de destaque nas salas de aula, desde os primeiros anos do ensino fundamental.

A matemática e as ciências biológicas

O filósofo francês Auguste Comte (1798-1857), fundador do positivismo, acreditava que a ciência é a "investigação da realidade". E posicionava a matemática no topo: "É pelo estudo da matemática, e somente por esse meio, que se pode formar uma ideia correta e aprofundada do que se entende por ciência". Esse ponto de vista, que faz do método matemático o modelo e objetivo de toda investigação científica, é recebido de modo distinto pelos cientistas. Matemáticos tendem a repeti-lo sempre que possível (como acabo de fazer), enquanto colegas de outras áreas demonstram menor entusiasmo.

Um dos críticos mais ferozes foi o biólogo inglês Thomas H. Huxley (1825-95). Autodidata, Huxley era também um debatedor temível. Tendo aderido às ideias de Charles Darwin (1809-82) sobre a evolução das espécies, defendeu-as com tanto vigor e paixão que acabou conhecido como o "buldogue de Darwin".

Os dois naturalistas também tinham em comum o fato de saberem quase nada de matemática. Enquanto Darwin lamentava a ignorância ("Lamento não ter avançado o suficiente para entender os grandes princípios da matemática, pois pessoas com esse conhecimento parecem ter um sentido extra"), Huxley se irritava com menções à disciplina que não dominava.

Seu ataque a Comte foi demolidor. Em artigo na revista *Fortnightly Reviews*, Huxley apresentou uma visão caricatural: "O matemático começa com algumas afirmações tão óbvias que são chamadas autoevidentes, e o resto do trabalho consiste em deduções sutis a partir delas". E ridicularizou Comte: "Quer dizer que o único estudo que pode dar 'uma ideia correta e aprofundada do que se entende por ciência' é justamente esse [a matemática], que não sabe nada sobre observação, experimentação, indução ou causalidade".

A refutação a Huxley ficou a cargo do matemático inglês James J. Sylvester (1814-97), em palestra em 1869 perante a Associação Britânica para o Progresso da Ciência. Sylvester começou por afirmar a sua admiração por Huxley, o qual "se tivesse dedicado seus extraordinários poderes de raciocínio à matemática, teria se tornado tão grande como matemático quanto é como biólogo". "Mas pessoas inteligentes também erram ao falar do que não entendem", continuou. Sobre o artigo de Huxley, intitulado "Notas de um discurso após o jantar", Sylvester ponderou, com ironia, que talvez tivesse sido mais prudente fazer o discurso antes da refeição...

Sylvester não chega a explicar satisfatoriamente de onde vêm as ideias matemáticas: do mundo real ou da dedução pura? No primeiro caso, como pode a matemática ser rigorosa? No segundo, como pode descrever a realidade? O Nobel de Física Eugene Wigner (1902-95) debruçou-se sobre essas questões no famoso ensaio "A efetividade nada razoável da matemática nas ciências naturais", de 1960. As respostas intrigam os pensadores até nossos dias.

A incrível lei de Benford

É uma das descobertas matemáticas mais misteriosas, dessas que parecem magia. É muito útil, e ninguém sabe bem por que funciona.

A história começou em 1881, quando o astrônomo e matemático canadense-americano Simon Newcomb (1835-1909) notou que sua tabela de logaritmos estava muito mais manuseada nas primeiras páginas do que nas últimas. Antes da invenção de calculadoras práticas, a tabela de logaritmos era uma ferramenta fundamental para realizar cálculos complexos, em qualquer domínio da ciência e da engenharia. A observação de Newcomb significava, por exemplo, que ele lidara com muito mais dados astronômicos com dígito inicial (o da esquerda) 1 do que com dígito inicial 9. Mais incrível ainda, todas as tabelas de logaritmos do observatório tinham o mesmo aspecto gasto nas primeiras páginas: os dados astronômicos "preferem" dígitos iniciais pequenos a grandes! Newcomb propôs a seguinte tabela para a frequência do primeiro dígito:

1	2	3	4	5	6	7	8	9
30,1%	17,6%	12,5%	9,7%	7,9%	6,7%	5,8%	5,1%	4,6%

A regra por trás disso seria que a chance de o número começar com um dígito d é aproximadamente igual ao logaritmo decimal de $(1 + 1/d)$: para $d = 1$ isso dá 30,1%, mas para $d = 9$ é apenas 4,6%. Embora Newcomb tenha proposto uma explicação, essa observação deve ter parecido uma bizarrice na época e foi esquecida. Até 1937, quando foi redescoberta pelo físico norte-americano Frank Benford (1883-1948), que acabou dando o nome à lei.

Isso não é de todo injusto, pois Benford foi além, apontando que esse comportamento surge em quase todos os dados com que deparamos: distâncias aéreas, pesos de moléculas, taxas de mortalidade, número de passes numa partida de futebol, preços de apartamentos, Produto Interno Bruto (PIB) de países, constantes matemáticas, tiragens de jornais, populações de cidades, números de edição de um jornal, casos de covid-19 em diferentes países e estados, tamanhos de vulcões, intervalos de tempo entre batidas cardíacas, pontos em partidas de basquete… Todos seguem aproximadamente essa tabela!

Claro, precisei ver para crer. Baixei do site do Instituto Brasileiro de Geografia e Estatística (IBGE) dados sobre a população dos municípios brasileiros, fiz as contas da frequência do primeiro dígito e não deu outra:

1	2	3	4	5	6	7	8	9
29,3%	18,3%	13,3%	10,4%	8,2%	6,7%	5,9%	4,7%	3,2%

Existem exceções quando os dados são artificiais (números de celular no Rio de Janeiro sempre começam com 9) ou quando variam numa faixa limitada (alturas de adultos, se medidas em pés, começam quase sempre com 5 ou 6). Mas existe ampla confirmação empírica de que a grande maioria dos dados naturais segue a lei de Benford.

Legal, dirá a querida leitora, mas isso serve para quê? O ponto é que é difícil "fabricar" dados que obedeçam à lei de Benford. Por isso, essa lei pode ser usada para diferenciar dados verdadeiros de dados incorretos ou fraudulentos. Uma aplicação é na auditoria de declarações de impostos: se a declaração for genuína, os valores devem obedecer à lei de Benford, portanto eventual discrepância é indício para que a declaração caia na malha fina e seja analisada com cuidado. A Receita Federal e as congêneres em outros países não revelam seus métodos, então ignoramos o quanto a lei realmente é usada. Mas sem dúvida consiste numa ferramenta gratuita e muito fácil de aplicar.

Eu sei, querido leitor, isso deve estar lhe parecendo muito ingênuo: certamente um bom sonegador é esperto o suficiente para "cozinhar" seus valores de acordo com a lei de Benford, certo? Bem, não é tão simples, porque a lei tem uma propriedade chamada invariância de escala. Isso significa na prática que não importa a unidade usada, a lei tem que valer sempre!

Por exemplo, mesmo que os dados da declaração estejam bem "fabricados" em reais, a Receita Federal pode convertê-los para ienes japoneses, francos suíços ou rupias indianas. Os números ficam completamente diferentes, mas devem continuar satisfazendo a lei de Benford: eventual discrepância em qualquer uma dessas moedas é indício suspeito. Agora complicou, não?

Na mesma linha, outra propriedade que torna difícil enganar a lei de Benford é que ela vale em qualquer base de numeração: se trocarmos 10 por outra base, b, a chance de que o "dígito" inicial seja d é dada pelo logaritmo de ($1 + 1/d$) nessa base *b*.* Portanto, mesmo que os dados estejam bem adequados na base 10, discrepâncias ainda podem ser detectadas convertendo todos os números para outra base.

Além disso, existem generalizações da lei de Benford que dão as chances dos dois dígitos iniciais, dos três dígitos iniciais etc. Elas têm sido aplicadas a resultados eleitorais, no Brasil e em outros países, com conclusões interessantes. Mas é necessário tomar essas conclusões com muita prudência: divergências da lei de Benford também podem decorrer do "voto útil" e de outras atitudes legítimas do eleitorado, e não de fraude. E qualquer eventual divergência é apenas um indício, que requer investigação adicional, nunca poderá ser tomada como prova de fraude.

A lei de Benford tem sido adotada também para identificar usuários falsos em redes sociais. A ideia é analisar quantos seguidores têm os seguidores do usuário: já foram identificados milhares de *bots* porque o número de seguidores de seus seguidores não se comporta segundo a previsão da lei.

Outra aplicação interessante é na detecção de imagens fake na internet. Fotos têm representação digital na forma de números (geralmente na base $b = 16$), os quais seguem a lei de Benford, naturalmente. Mas, quando a foto é editada e guardada de novo, a lei é quebrada. Assim, um arquivo .jpg ou .gif discrepante com relação à lei de Benford sinaliza que pode ter havido modificação da foto original, embora a discrepância, por si só, não possa dizer qual foi a mudança.

---

* Escrevi sobre bases de numeração em "A matemática dos bichos", na p. 16.

Para acabar com o efeito Matilda

No livro *Sapiens: Uma breve história da humanidade*, o historiador israelense Yuval Noah Harari questiona por que as sociedades humanas são majoritariamente patriarcais, pelo menos desde a invenção da agricultura. Há várias teorias, mas nenhuma explica de modo convincente por que as nossas culturas valorizam mais os homens que as mulheres.

Em ciência, esse fenômeno tem nome: "efeito Matilda", em homenagem à ativista norte-americana Matilda Gage (1826-98), defensora do sufrágio universal e da abolição da escravatura. No ensaio *Woman as an Inventor* [A mulher como inventora], publicado em 1883, ela elenca contribuições femininas à ciência e tecnologia e como, ao longo da história, várias delas foram atribuídas a homens. Muitas vezes isso está associado ao "efeito Mateus": cientistas renomados recebendo crédito excessivo em detrimento de colegas mais jovens, de qualquer gênero. O nome faz referência ao Evangelho de Mateus ("Pois àquele que tem, lhe será dado e lhe será dado em abundância, mas ao que não tem, mesmo o que tem lhe será tirado").

O mais antigo caso registrado diz respeito a Trota, que viveu na cidade italiana de Salerno, na primeira metade do século XII, e se notabilizou na área de medicina da mulher. Seus tratamentos foram coletados num texto em latim, intitulado *Trotula*, que alcançou fama em toda a Europa. Mas a ideia de que fosse obra de uma mulher era demasiado estranha para os monges copistas que reproduziram o texto na Idade Média. Após sua morte, a autoria foi atribuída ao marido, ou ao filho. Com o tempo, os confusos monges chegaram a "converter" Trota num homem chamado Trotula. A verdade só veio à tona no século XX.

No tempo de Matilda, a injustiça estava sacramentada na lei: "Se uma mulher casada conseguir uma patente, ela poderá usar como entender? De modo algum. Ela não terá direito algum sobre o fruto de sua mente. Seu marido poderá dar o próprio nome à invenção e fazer com ela o que quiser". As leis mudaram na maior parte dos países, mas pressupostos culturais são muito resistentes. Tomei consciência disso, de modo contundente, durante a reunião de preparação do projeto Meninas Olímpicas do Impa, iniciativa do Instituto de Matemática Pura e Aplicada, apoiada pelo Conselho Nacional de Desenvolvimento Científico e Tecnológico (CNPq), que visa agir na educação básica para incentivar a permanência de meninas nas áreas de ciências exatas e tecnologia. No meio de uma bela discussão sobre como evidenciar a contribuição feminina, para surpresa geral, jovens professoras na equipe se pegaram várias vezes usando "ele" para se referir às autoras mulheres dos trabalhos que estávamos analisando.

Muito resta a ser feito, por homens e mulheres, para erradicar o efeito Matilda. O edital do CNPq sinaliza que o tema entrou para valer na pauta nacional. E muitas outras ações estão em curso, inclusive o primeiro Encontro Brasileiro de Mulheres Matemáticas, em julho de 2019, e o lançamento iminente do Torneio Meninas em Matemática.*

* Esta coluna foi publicada em fevereiro de 2019.

Os pioneiros da previsão do tempo

Um leitor sugeriu que eu escrevesse sobre o matemático britânico Lewis Fry Richardson (1881-1953). Eu conhecia o nome: em meu livro de equações diferenciais menciono a "extrapolação de Richardson", técnica sagaz para melhorar a precisão da solução da equação sem tornar o cálculo mais complicado. Mas isso era tudo o que eu sabia sobre o sujeito. Uma pesquisa revelou que de fato se trata de uma figura muito interessante, com uma trajetória singular e contribuições fundamentais em pelo menos dois domínios: a previsão do tempo e a modelagem da guerra.

A previsão regular do tempo teve início na década de 1850, sob o impulso do vice-almirante Robert Fitzroy (1805-65), da Marinha britânica. Fitzroy não era um marujo qualquer: foi o capitão do navio *Beagle* na famosa viagem que inspirou o naturalista Charles Darwin (1809-82) a desenvolver a teoria da evolução. Já aposentado, chocado com a tempestade enfrentada pelo navio *Royal Charter*, que causou mais de oitocentas mortes num naufrágio em 1859, Fitzroy liderou a criação de uma rede de estações meteorológicas ao longo da costa do Reino Unido, que telegrafavam as observações em tempo real para o escritório central em Londres. A partir desses dados, Fitzroy fazia o que chamou de "previsões do tempo", um conceito chocante para uma época em que o tempo meteorológico era considerado um ato da imperscrutável vontade divina.

A primeira previsão do tempo foi em 31 de julho de 1861 e estava certa. No entanto, apesar de todo o afinco, Fitzroy também errava: previa mau tempo que não acontecia, irritando pescadores impedidos à toa de trabalharem, e deixava passar tempestades que de fato ocorriam, pondo em causa a utilidade de todo o esforço. Deprimido pelas críticas e pelas dificuldades financeiras, Fitzroy acabou tirando a própria vida aos 59 anos.

A ciência da meteorologia, que àquela altura parecia definitivamente condenada, foi salva por avanços em duas frentes: a modelagem matemática e a computação científica. Lewis Fry Richardson teve papel pioneiro em ambas.

Richardson era um pacifista por convicção religiosa, mas participou na Primeira Guerra Mundial (1914-8) como voluntário, dirigindo ambulância durante três anos. Nas longas horas de espera nas trincheiras francesas, distraía a mente (e preservava a sanidade mental) refletindo sobre como melhorar a previsão do tempo. Com o livro *Previsão do tempo por processo numérico* (1922), lançou as bases da meteorologia moderna.

Richardson percebeu que o tempo é um fenômeno global: não é possível entendê-lo numa região sem analisar também as regiões vizinhas, e as vizinhas dessas, e assim por diante. Propôs então dividir a superfície da Terra em milhares de "quadrados" e criou métodos numéricos para calcular a evolução do tempo em cada quadrado e compatibilizar os resultados globalmente.

Também concebeu o espaço físico onde os cálculos seriam realizados: "Após tantos raciocínios pesados, podemos brincar com uma fantasia? Imagine um grande teatro cujo chão e cujas paredes estão pintados com um mapa, na forma de um globo. Milhares de computadores calculam o tempo da região do mapa em que estão sentados, mas cada computador só trata de uma equação. Em tempo real, pequenos letreiros indicam os resultados obtidos, para que os computadores vizinhos possam ler". Na época, "computadores" eram pessoas, sobretudo mulheres, que eram consideradas mais focadas e confiáveis do que os homens para fazer cálculos complexos.

O sonho de Richardson era inviável para a época, claro, e suas previsões inicialmente eram ruins. Mas a arquitetura que concebeu mostrou-se bem adaptada à computação eletrônica: o teatro foi substituído pelo interior de supercomputadores, onde milhares de processadores resolvem diferentes partes das equações, comunicando-se em tempo real com os demais. Ao lado dos avanços na matemática, isso permitiu transformar em ciência o que antes era pouco mais do que adivinhação.

Como pacifista, Richardson também se interessou pelo estudo das causas da guerra. Propôs modelos matemáticos para a taxa de armamento dos países, em função do arsenal bélico britânico e dos países vizinhos. Foi autor da teoria de que a chance de guerra entre dois países depende do comprimento da fronteira comum. Isso o levou a tentar calcular o comprimento de fronteiras e, dessa forma, a descobrir a geometria fractal, muitos anos antes de o tema ter tornado Benoît Mandelbrot (1924-2010) famoso.

O cavalo que calculava

Uns 120 anos atrás, uma das maiores celebridades da ciência mundial era Kluge Hans ("João Esperto", em alemão), o cavalo que, segundo seu dono, sabia somar, subtrair, multiplicar, dividir, operar com frações, dizer as horas e calcular dias da semana.

O proprietário, o professor de matemática e treinador de cavalos amador Wilhelm von Osten (1838-1909), exibia Hans publicamente, sem cobrar ingresso, para grande espanto da audiência. Por exemplo, quando Von Osten perguntava "Se o oitavo dia do mês é uma terça-feira, em que data cai a sexta-feira seguinte?", Hans respondia batendo um casco no chão onze vezes. Os céticos diziam que era fraude, que Von Osten passava as respostas ao bicho por meio de sinais. Mas Hans acertava até quando o dono estava ausente e as perguntas eram feitas por outra pessoa. A lenda do cavalo que calculava não parava de crescer.

A autoridade educacional alemã criou uma comissão de treze especialistas para investigar o fenômeno. Além do psicólogo Carl Stumpf (1848-1936), que presidia o grupo, havia um veterinário, um gerente de circo, um oficial de cavalaria, vários professores e o diretor do zoológico de Berlim. Em setembro de 1904 saiu o relatório, o qual inocentava Von Osten.

Então, o biólogo e psicólogo Oskar Pfungst (1874-1932) decidiu testar as habilidades do cavalo em diferentes condições: usando outras pessoas para questionar Hans; isolando o questionador e o cavalo do público; variando se Hans podia ver o questionador ou não; e até se o questionador sabia as respostas ou não. Dessa forma, ele confirmou que não importava quem fazia as perguntas, o que comprovava que não havia má-fé da parte de Von Osten.

Pfungst constatou, porém, que Hans só respondia corretamente quando podia ver o questionador e este conhecia as respostas! De algum modo subconsciente, o questionador passava as respostas ao cavalo... E isso acontecia até quando era o próprio Pfungst quem questionava! A descoberta lançou o descrédito sobre o pobre Hans, o que era muito injusto: mesmo não sendo capaz de calcular, Hans era um animal notável, com uma capacidade extraordinária para ler a expressão facial e a linguagem corporal dos humanos — melhor do que nós próprios somos capazes.

Von Osten não foi convencido pelas conclusões de Pfungst e continuou exibindo o fenômeno até morrer, em 1909. A partir daí, Hans passou por vários donos e acabou sendo alistado para servir na Primeira Guerra Mundial. O registro sobre o cavalo termina em 1916 quando, acredita-se, "foi morto em combate, ou comido por soldados famintos".

Quatro cores bastam

Em cena do livro *Tom Sawyer no estrangeiro*, do escritor Mark Twain (1835-1910), os amigos Tom e Huck estão perdidos enquanto sobrevoam os Estados Unidos num balão. "Estamos em Illinois, ainda não avistamos Indiana", sustenta Huck, explicando: "Eu sei pela cor." "Pela cor?", espanta-se Tom. "O que a cor tem a ver?" "Tudo a ver!", responde Huck. "Indiana é rosa e Illinois é verde. E lá embaixo é tudo verde."

"Indiana é rosa?! Que bobagem!", indigna-se Tom. "Bobagem, não, senhor", retruca Huck. "Eu vi no mapa, é rosa, sim!" Mal-humorado, Tom tenta explicar que a cor no mapa não quer dizer nada, mas Huck não se deixa convencer...

A regra básica ao colorir um mapa é que regiões adjacentes, ou seja, que têm algum segmento de fronteira em comum, devem ser assinaladas com cores diferentes, para distingui-las. Em 1852, o matemático e botânico sul-africano Francis Guthrie (1831-99) estava colorindo o mapa dos condados da Inglaterra e notou que três cores não eram suficientes, mas quatro, sim. Ficou curioso em saber se *todo* mapa, natural ou inventado, poderia ser colorido com apenas quatro cores.

Intrigado, levou a questão ao grande lógico britânico Augustus De Morgan (1806-71), o qual não soube responder e, inclusive, acreditava que não houvesse resposta matemática: "Estou plenamente convencido de que não é suscetível de demonstração e deve ser aceito como um postulado". O problema foi popularizado por De Morgan e por Guthrie, tornando-se conhecido como "conjectura das quatro cores".

Alguns anos depois, parecia que o assunto ia ser encerrado: em 1879, o inglês Alfred Kempe (1849-1922) publicou uma prova matemática de que quatro cores realmente bastam para todo mapa, e no ano seguinte o escocês Peter Tait (1831-1901) deu uma prova alternativa. Só que em 1890 o também britânico Percy Heawood (1861-1955) encontrou um erro grave no argumento de Kempe, e no ano seguinte o dinamarquês Julius Petersen (1839-1910) fez o mesmo com a prova de Tait. De volta à estaca zero!

Felizmente, Heawood conseguiu salvar alguma coisa: provou que cinco cores são suficientes para colorir qualquer mapa, e essa prova está correta. Mas como ninguém conseguiu exibir um mapa que realmente precise das cinco cores, a situação era muito insatisfatória. Assim, a conjectura das quatro cores continuou a ser um desafio intrigante durante décadas.

Em 1905, o alemão Hermann Minkowski (1864-1909) declarou a alunos que o problema continuava em aberto "apenas porque só matemáticos de terceira classe se interessaram por ele", e acrescentou, confiante: "acho que sei resolver". Mas no fim da aula ainda não tinha conseguido, e continuou fracassando durante semanas, até que desistiu. "Os céus estão zangados com minha arrogância, minha prova também está errada", confessou.

A situação mudou em 1976, quando os matemáticos Kenneth Appel (1932--2013, norte-americano) e Wolfgang Haken (n. 1928, alemão) publicaram a primeira prova correta da conjectura das quatro cores. Em homenagem a essa façanha, o Departamento de Matemática da Universidade de Illinois, onde os dois trabalhavam, passou a carimbar "Quatro cores bastam" em sua correspondência. Simplificando um pouco as coisas, Appel e Haken encontraram certo conjunto especial (muito grande!) de mapas e mostraram, matematicamente, que se *esses* mapas pudessem ser coloridos com quatro cores, então o mesmo seria verdade para *todos*, tal como afirma a conjectura das quatro cores.

A partir daí, bastaria alguém verificar se os mapas nesse conjunto especial que eles tinham encontrado podiam ser coloridos com quatro cores. O problema é que eram mapas demais e a verificação era bastante demorada: humanos jamais conseguiriam realizar essa tarefa em tempo razoável. É aí que entra a grande novidade da abordagem de Appel e Haken: eles usaram máquinas eletrônicas para fazer o trabalho. Foi o primeiro teorema importante provado com a assistência de computadores.

Mesmo com ajuda de máquinas, não foi fácil: a verificação demorou mais de mil horas de computação e gerou mais de quatrocentas páginas de microfichas, que depois tiveram que ser conferidas à mão. Atualmente existem versões mais simples e curtas da demonstração, mas ainda assim demasiado longas para serem verificadas por humanos.

Demonstrações assistidas por computador tornaram-se bem comuns a partir do trabalho de Appel e Haken, e ainda são insubstituíveis em muitos casos. Mas, para os matemáticos, elas são bastante insatisfatórias: apenas sabermos que a conta dá certo não ajuda realmente a entender por que isso acontece. Demonstrações "assistidas por cérebro" são muito melhores!

O que Lincoln aprendeu com Euclides

Abraham Lincoln (1809-65) foi um dos maiores, se não o maior, presidente dos Estados Unidos. Líder carismático que conduziu o país na pior crise de sua história e foi assassinado por seu papel na abolição da escravatura, Lincoln foi também um político astuto, que sabia usar as raízes humildes e a reputação de honestidade, e que tinha na eloquência sua mais potente arma política. Vários de seus discursos, como o famoso "Discurso de Gettysburg", proferido em 1863 em homenagem aos soldados mortos na Guerra Civil Americana (1861-5), estão entre os mais influentes da história norte-americana.

O que é menos conhecido é a origem de seus notáveis poderes de oratória, ainda que ele tenha contado o segredo em entrevista ao reverendo J.P. Gulliver, publicada pelo jornal *The New York Times* em 4 de setembro de 1864. Ao explicar como havia adquirido tal capacidade para "dizer as coisas", o presidente contou que quase não tivera educação formal, e acrescentou: "Nas minhas leituras de direito encontrei muitas vezes a palavra 'demonstrar'. No início, achava que sabia o significado, mas depois percebi que não. Acabei dizendo a mim mesmo: 'Lincoln, você nunca poderá ser advogado se não souber o que significa "demonstrar"'. Então voltei para a casa do meu pai e lá fiquei até entender todas as proposições de *Os elementos*, de Euclides. Aí eu soube o que é demonstrar, e voltei aos estudos de direito.

O grego Euclides viveu no Norte da África no século IV a.C. Em *Os elementos*, reuniu e organizou a geometria de seu tempo, criando um padrão de clareza e rigor de raciocínio que perdura na matemática até nossos dias. Foi nessa obra, uma das mais influentes da história da humanidade, que o orador brilhante encontrou inspiração.

Gulliver não disfarçou a admiração: "Sr. Lincoln, seu sucesso não é mais motivo de espanto. É o resultado legítimo de causas adequadas. Com sua permissão, eu gostaria de contar esse fato publicamente. Será muito importante para motivar os jovens para a cultura matemática, que todas as mentes precisam absolutamente ter". E acrescentou: "Euclides, bem estudado, livraria o mundo de metade de suas calamidades, banindo metade dos disparates que iludem e amaldiçoam nossos dias. Sempre achei que *Os elementos* seria um dos melhores livros para a biblioteca da Ordem dos Advogados, se conseguissem que as pessoas o lessem".

Lincoln riu: "Concordo. Eu voto por Euclides!".

E eu acompanho o presidente.

O rei que amava a matemática

O sexagésimo aniversário do rei Oscar II da Suécia e Noruega foi em 21 de janeiro de 1889, mas os preparativos começaram muito antes. Oscar II (1829-1907) não era um monarca qualquer: estudara matemática na faculdade e tornou-se protetor dessa ciência, chegando a patrocinar a criação de uma revista científica, a *Acta Mathematica*, que até hoje é uma das mais prestigiosas do mundo. Entre os conselheiros do rei estava o matemático Gösta Mittag-Leffler (1846-1927), elegante, culto, bon vivant, que se casou com uma das herdeiras mais ricas da Suécia e gastou alegremente o dinheiro do sogro. Portanto, que o rei tenha decidido assinalar o aniversário por meio de um prêmio matemático não chega a ser surpresa. Embora seja inusitado, infelizmente.

A premiação, uma medalha de ouro e 2.500 coroas suecas (cerca de quatro meses de salário de um professor universitário), iria para a melhor solução de uma questão de pesquisa em análise matemática. Além disso, o trabalho seria publicado na *Acta Mathematica*. Mittag-Leffler ficou encarregado de presidir o júri e não perdeu tempo em transformar a situação numa oportunidade de autopromoção. Inicialmente, o júri seria formado por cinco matemáticos: um sueco (Mittag-Leffler), um francês ou belga, um alemão ou austríaco, um inglês ou norte-americano e um russo ou italiano. Essa distribuição diz muito sobre a geopolítica da matemática na época.

Contudo, as dificuldades de comunicação — distâncias, idiomas, ciúmes — tornaram o plano inviável, e Mittag-Leffler teve que se contentar com um júri menor: além dele, estavam o francês Charles Hermite (1822-1901) e o alemão Karl Weierstrass (1815-97), dois dos maiores matemáticos do século XIX. A competição foi anunciada na *Acta Mathematica* em 1885, e as dificuldades começaram imediatamente. O alemão Leopold Kronecker (1823-91), adversário de Weierstrass, ofendido por ter sido preterido, criou todo tipo de controvérsias. Mittag-Leffler tentou acalmá-lo, explicando que Weierstrass tinha sido escolhido por ser mais velho. Não sabemos se ele deu a mesma explicação a Weierstrass...

O regulamento dizia que cada texto apresentado deveria estar identificado apenas por uma frase em latim, sendo acompanhado por um envelope fechado contendo a frase e o nome do autor. Claro que, como tudo era manuscrito, o anonimato era relativo. O júri reconheceu na hora o artigo do francês Henri Poincaré (1854-1912): além de ter um estilo inconfundível, ele não lera o regulamento direito e identificou o trabalho com o próprio nome! Bons matemáticos podem ser pessoas distraídas...

A pesquisa de Poincaré tratava das equações que descrevem o movimento dos planetas, cometas e demais corpos celestes sujeitos à gravitação. Embora não resolvesse o problema, ele continha avanços extraordinários, que revolucionaram essa área da matemática e da física. Assim, foi fácil para o júri chegar à decisão unânime de que deveria ser o vencedor. No dia 20 de janeiro de 1889, véspera do aniversário, Mittag-Leffler foi ao palácio levar ao rei a boa-nova. O pior estava por vir...

O astrônomo sueco Hugo Gyldén (1841-96) afirmou que ele mesmo já tinha feito a maior parte do trabalho de Poincaré. Na verdade, tratava-se de contribuições muito diferentes: Gyldén era um bom astrônomo, mas seus trabalhos não tinham rigor matemático. Só que a comunidade científica sueca ficou do lado dele, deixando Mittag-Leffler na posição desconfortável de defender, sozinho, a decisão do júri.

No meio-tempo, o jovem matemático sueco Edvard Phragmén (1863-1937) penava para revisar o difícil trabalho de Poincaré para publicação. O autor respondia solicitamente a seus pedidos de explicação — embora por vezes a resposta fosse do tipo "é assim mesmo" —, o que fez o artigo crescer muito: a versão final tem 270 páginas!

Então veio a bomba: na sequência de perguntas de Phragmén, Poincaré descobriu um erro grave, que jogava no lixo boa parte do trabalho. Para o vaidoso Mittag-Leffler, que apostara a reputação no prêmio, era uma catástrofe! Só havia uma coisa a fazer: pedir que Poincaré guardasse segredo e recolher todas as cópias já distribuídas. Restou uma, na biblioteca do Instituto Mittag-Leffler, em Estocolmo, que folheei anos atrás. Uma anotação manuscrita em sueco informa: "edição completa destruída".

Poincaré ficou muito perturbado: "Não vou esconder a angústia que isso causou em mim. Para começar, não sei se ainda acho que os resultados que sobraram [...] merecem essa grande distinção", escreveu a Mittag-Leffler. E quando o sueco informou Poincaré que teria que pagar pela reimpressão da revista, aceitou sem hesitar: 3.500 coroas, muito mais que o valor do prêmio.

O artigo corrigido saiu, finalmente, na *Acta Mathematica* de abril de 1890. Anos depois, Poincaré publicou uma versão estendida, na forma de um livro em três volumes intitulado *Os métodos novos da mecânica celeste*, que deu origem a uma nova área da matemática: sistemas dinâmicos, ou "teoria do caos". O famoso erro o levou a descobrir o conceito de "trajetória homoclínica", que ocupa posição-chave nessa teoria.

Apesar de todas as dificuldades, o prêmio foi um sucesso espetacular. A matemática ficou mais rica, e a *Acta Mathematica*, mais conhecida. E, não fosse o erro de Poincaré, provavelmente o aniversário do rei Oscar II já teria sido esquecido.

Aos leitores que desejam saber mais, recomendo o excelente livro *Poincaré and the Three Body Problem* [Poincaré e o problema dos três corpos], da pesquisadora inglesa June Barrow-Green (n. 1953), publicado (em inglês) pela Sociedade Norte-Americana de Matemática em 1997.

Século XX

Limites da mente humana

No final do século XIX, a ciência respirava otimismo quanto à capacidade do intelecto humano para penetrar os mistérios do universo. Na física, havia a convicção de que as grandes descobertas já tinham acontecido e de que faltava pouco mais do que melhorar a precisão das medições. Essa confiança no poder da mente era ainda maior na matemática, com sua espetacular lista de avanços.

Em palestra no Congresso Internacional de Matemáticos de 1900, em Paris, o alemão David Hilbert (1862-1943) listou 23 problemas a serem resolvidos no novo século, afirmando: "A convicção de que todo problema matemático pode ser resolvido é um poderoso incentivo para o pesquisador. Ouvimos dentro de nós o chamado perpétuo: Eis o problema. Busque a solução. Você pode encontrá-la pela razão pura, pois em matemática não existe 'não sei'".

No entanto, o desenvolvimento da ciência ao longo do século XX mostraria que existem, sim, certos limites incontornáveis ao poder do raciocínio. O primeiro foi descoberto na física: o princípio da incerteza, formulado em 1927 pelo físico alemão Werner Heisenberg (1901-76), afirma que não é possível conhecer ao mesmo tempo a posição e a velocidade de uma partícula subatômica, como o elétron. Quanto mais precisa for a medição de uma dessas grandezas, mais grosseira será a estimativa da outra, necessariamente.

O projeto maior de Hilbert era formular a matemática em bases rigorosas, de modo a livrá-la de uma vez dos paradoxos da teoria dos conjuntos. De fato, esse era justamente o teor do segundo problema em sua lista. Mas os teoremas de incompletude, provados em 1931 pelo matemático e filósofo austríaco Kurt Gödel (1906-78), atestaram que isso não é possível: ele mostrou que o fato de a matemática não conter contradições nunca poderá ser provado rigorosamente.

Em sua tese de doutorado, de 1951, o economista e matemático norte-americano Kenneth Arrow (1921-2017), prêmio Nobel de Economia em 1972, descobriu outro problema intrigante que tem importantes implicações práticas e cuja solução está fora de nosso alcance.

Considere um processo de escolha com três ou mais candidatos (pessoas, coisas, ideias etc.). Cada "eleitor" vota listando os candidatos na ordem de preferência. O problema é determinar, a partir dos votos individuais, uma lista ordenada que reflita a preferência global do eleitorado. Há três regras. Se todos os eleitores preferem X a Y, então X deve ficar na frente de Y na lista final. A posição relativa de dois candidatos quaisquer (quem fica na frente de quem) na lista final deve depender apenas das posições relativas nas votações, e não da opinião dos eleitores sobre os demais candidatos. Por fim, não deve haver ditador, cuja opinião é seguida sem considerar as dos demais eleitores.

O teorema da impossibilidade de Arrow afirma que não existe nenhum procedimento que satisfaça essas três regras simples!

A ciência que tudo vê

Dois amigos falam sobre a profissão. O matemático mostra uma estatística que realizou: μ (mu) é a média da população, σ (sigma) é o desvio padrão e assim por diante. O outro, inseguro se o amigo está caçoando dele, pergunta: "E isso aqui?". O matemático explica: "Esse é o π. Você sabe: o quociente do perímetro pelo diâmetro do círculo". Isso é demais para o colega: "Fala sério: é óbvio que população não tem nada a ver com o perímetro do círculo!".

Assim começa o artigo "A efetividade nada razoável da matemática nas ciências naturais" (1960), em que o cientista húngaro-americano Eugene Wigner (1902-95) se debruça sobre a estranha capacidade da matemática para explicar e prever o mundo à nossa volta.

Tomemos o exemplo dos buracos negros, um dos fenômenos mais intrigantes do universo. Em 1915, Albert Einstein (1879-1955) publicou sua revolucionária teoria da relatividade geral. No centro da teoria está a "equação de campo", que relaciona a geometria do universo com a distribuição de massa. É uma equação complicada, que Einstein não acreditava que pudesse ser resolvida.

No entanto, em 22 de dezembro do mesmo ano ele recebeu uma carta contendo uma solução exata. O autor, Karl Schwarzschild (1873-1916), era um cientista e, à época, tenente do exército alemão, combatendo na frente russa da Primeira Guerra Mundial. Escreveu: "Como pode ver, a guerra tratou-me razoavelmente bem: pude me alhear dos tiroteios pesados e fazer este passeio pelo mundo das ideias". Einstein respondeu: "Li seu trabalho com o maior interesse. Eu não esperava que alguém pudesse formular a solução exata de modo tão simples. Gostei muito do tratamento matemático. Quinta-feira apresentarei o trabalho à Academia".

Na solução de Schwarzschild há uma região esférica especial, que foi interpretada como um "horizonte de eventos": tudo o que entra nessa esfera não pode mais sair. A massa do objeto (uma estrela, por exemplo) encurva o espaço-tempo de tal forma que nem a luz escapa! Assim, a matemática descobriu os hoje famosos "buracos negros", que os físicos não previram.

Além de não preverem, nem Einstein nem seus colegas acreditaram que eles pudessem realmente existir. Durante décadas, na comunidade dos físicos, acreditar em buracos negros era como acreditar na fadinha do dente. Até o início da década de 1970, quando Thomas Bolton (1943-2021), Louise Webster (1941-90) e Paul Murdin (n. 1942) identificaram Cignus x-1 como o primeiro buraco negro conhecido.

Desde então, ficou claro que os buracos negros são um dos fenômenos mais essenciais do universo. Eles foram descobertos por meio de uma equação matemática.

Do futebol ao raio laser

Em 1913, o físico dinamarquês Niels Bohr (1885-1962) propôs o primeiro modelo quântico do átomo de hidrogênio: o elétron gira em torno do núcleo num número finito de órbitas circulares, pulando de uma órbita para outra quando absorve ou emite a quantidade certa de energia. Por esse trabalho, Bohr ganhou o prêmio Nobel de Física em 1922. Mas nunca chegou perto da fama do irmão caçula, Harald.

Harald Bohr (1887-1951) era um ótimo matemático: fez um trabalho importante na teoria dos números e na análise funcional. Mas não foi (só) isso que fez dele um herói nacional: também ajudou o fato de ter jogado futebol pela seleção, levando a Dinamarca à primeira conquista internacional.

Os dois irmãos se interessaram pelo futebol na adolescência, como tantos jovens de classe média alta da época no mundo todo, inclusive no Brasil. Em 1905, jogaram no mesmo time, o Akademik Boldklub. Niels era goleiro, mas não muito bom. Numa partida contra os alemães do Mittweida, ficou encostado na trave quando um adversário chutou de longe, tomando um gol fácil de evitar. Confessou depois que estava pensando num problema de matemática e tinha esquecido do jogo. Logo abandonou o esporte e se dedicou à física, com mais êxito.

Harald foi escolhido para a seleção olímpica de 1908. Foi o primeiro torneio olímpico reconhecido pela Federação Internacional de Futebol, a Fifa, e as quartas de final foram também a primeira partida oficial da Dinamarca. Despacharam o time B da França por 9 a 0, com dois gols de Harald. Contra o time principal, na semifinal, foi a maior goleada da história da Olimpíada: 17 a 1 (e a gente achava 7 a 1 dureza...). Os franceses ficaram tão mal que se recusaram a disputar o bronze.

A final foi contra a poderosa Grã-Bretanha, inventora do jogo, que venceu por 2 a 0. Harald e os amigos voltaram para casa com a medalha de prata e a glória eterna dos heróis olímpicos. Ele ainda jogou mais uma vez pela seleção, vencendo a Inglaterra por 2 a 1, mas depois decidiu se dedicar à matemática. Contam que na defesa do doutorado de Harald havia mais fãs de futebol do que matemáticos. Mas estou certo de que todos, sem exceção, apreciaram muitíssimo seus teoremas sobre séries de Dirichlet.

Nos anos seguintes, a física avançou bastante. Em 1915, o alemão Arnold Sommerfeld (1868-1951) refinou as ideias de Niels Bohr, combinando-as com a teoria da relatividade. O modelo de Bohr-Sommerfeld explicava muito bem o átomo de hidrogênio e, em 1917, foi usado por Albert Einstein (1879-1955) para prever o fenômeno da emissão estimulada de energia. No fim dos anos 1950, os desdobramentos desse trabalho nos dariam o laser.

O paraíso infinito

Por volta de 1920, o matemático norte-americano Edward Kasner (1878--1955) estava buscando um nome para um número muito grande — 10^{100}, ou seja, 1 seguido de 100 zeros —, que despertasse a atenção das crianças. O sobrinho Milton, de nove anos, propôs chamar *googol*, e esse nome foi popularizado por Kasner em seu livro *Matemática e imaginação*, escrito com James R. Newman (1907-66).

O *googol* é um número enorme. Para dar uma ideia, estima-se que o número de átomos em todo o universo observável seja 10^{80}, quer dizer, 1 seguido de "apenas" 80 zeros. O *googol* é 100 bilhões de bilhões de vezes maior!

Mas o pequeno Milton bem sabia que há números ainda maiores, e até propôs um nome para um deles: *googolplex* é 10^{googol}, ou seja, 1 seguido de um *googol* de zeros. O *googolplex* é tão colossalmente grande que não é possível escrevê-lo por extenso: não há espaço suficiente no universo para todos esses zeros!

Muitos anos depois, em 1997, os criadores de um novo site de buscas decidiram chamar seu produto *Googol*, para dizer que ele seria capaz de processar enormes quantidades de informação. Só que alguém se enganou na hora de escrever e acabou ficando "Google". Aliás, era um baita exagero: mesmo hoje em dia, a quantidade total de informação armazenada na internet não alcança 10^{23} bytes — 100 trilhões de gigabytes —, o que não chega nem perto de 1 *googol*. Mesmo assim, a sede da empresa na Califórnia é chamada Googleplex.

A descoberta fascinante de que o conjunto dos números não tem fim, pois sempre podemos encontrar um maior, é nosso primeiro contato com a ideia de infinito. E essa ideia intriga a humanidade desde sempre. Mesopotâmios, egípcios, hindus e chineses — todas as grandes civilizações se debruçaram sobre os mistérios do infinito e, claro, suas relações com a religião.

A primeira menção escrita que conhecemos é creditada ao filósofo Anaximandro, que viveu na cidade grega de Mileto, mais ou menos entre 610 a.C. e 546 a.C. Ele acreditava na existência de um princípio original, infinito e sem limites, do qual se originariam todas as coisas. Já Zenão, que viveu na colônia grega Eleia, na Itália, aproximadamente entre 490 a.C. e 430 a.C., ficou famoso por ter proposto diversos paradoxos resultantes da ideia de infinito. Aristóteles (384 a.C.-322 a.C.), o mais influente dos filósofos gregos, fez uma importante distinção entre "infinito potencial" — algo que pode ir sendo construído sem limite — e "infinito atual" — que já existe por completo em algum momento.

Para o leitor moderno, uma ótima ilustração de infinito potencial é a agenda do Google: pode consultar informações e agendar compromissos em qualquer dia que deseje — seu aniversário daqui a 5 mil anos, por exemplo —, mas isso não quer dizer que a agenda exista completa em seu computador, com todos os dias de todos os anos: não caberia.

Aristóteles defendeu que "o infinito é sempre potencial, nunca atual", e suas ideias são motivo de discussões filosóficas ao longo dos séculos. São Tomás de Aquino (1225-74), por exemplo, concordava com Aristóteles. Mas o tema sempre foi delicado para os pensadores cristãos, pois a própria ideia da divindade está associada à noção de infinito.

A questão também foi se tornando cada vez mais importante na matemática. Quando o inglês John Wallis (1616-1703) introduziu o famoso símbolo ∞, ainda se tratava de infinito potencial, mas o desenvolvimento da disciplina fez com que o infinito atual tivesse papel cada vez mais relevante. Hoje em dia, todo matemático pensa no conjunto dos números inteiros como algo que existe de fato, completamente realizado, e não apenas como algo que pode ir sendo construído por meio da contagem.

No final do século XIX, o trabalho do alemão Georg Cantor (1845-1918) sobre a teoria dos conjuntos forneceu um tratamento rigoroso da ideia de infinito, trazendo o tema definitivamente da filosofia para a matemática. Cantor era um partidário convicto do infinito atual: religioso, acreditava que "o Senhor Deus dispõe dos conjuntos infinitos tanto quanto dos finitos para realizar sua obra".

Segundo ele, dois conjuntos — finitos ou infinitos — terão o mesmo número de elementos (os matemáticos preferem dizer "o mesmo cardinal") se seus elementos puderem ser postos em correspondência um a um. Por exemplo, o conjunto N dos números inteiros e o conjunto P dos números pares têm o mesmo cardinal, pois cada inteiro pode ser posto em correspondência com o seu dobro. Portanto, embora N seja maior do que P, porque ele também contém os números ímpares, na verdade os dois têm o mesmo número de elementos.

Os conjuntos infinitos que têm o mesmo cardinal que N são chamados "enumeráveis". Eles são os menores conjuntos infinitos possíveis, mas Cantor também mostrou que existem conjuntos infinitos não enumeráveis, ou seja, que têm cardinal realmente maior do que N. É o caso, por exemplo, do conjunto *R* de todos os números reais. Na verdade, Cantor descobriu toda uma hierarquia de infinitos, uns maiores do que outros.

Foi duramente criticado pelos contemporâneos. Henri Poincaré (1854-1912) considerava o trabalho de Cantor uma "doença grave" da matemática, e Leopold Kronecker (1823-91) chamou-o de "charlatão científico" e "corruptor da juventude". Tais críticas amargararam os últimos anos da vida de Cantor, agravando suas crises de depressão. Mas suas ideias acabaram prevalecendo e, como disse David Hilbert (1862-1943), "deste paraíso que Cantor para nós criou, sabemos que nunca seremos expulsos".

A senhora que tomava chá

Numa bela tarde de verão, nos anos 1920, alguns professores da Universidade de Cambridge e convidados se reúnem para um chá no jardim. Entre eles, o estatístico Ronald Fisher (1890-1962) e a botânica Muriel Bristol (1888-1950), ambos ligados ao Instituto Rothamsted, voltado a pesquisas agrárias.

Fisher oferece a Bristol uma xícara de chá com leite, mas ela recusa, dizendo que prefere quando o leite é colocado na xícara antes do chá, e não ao contrário. A discussão se acende em volta da mesa: os cavalheiros protestam que não há como a ordem dos ingredientes afetar o sabor da bebida, mas a dama mantém sua posição.

"Vamos testar!", sugere uma voz: é William Roach, futuro marido de Bristol. Fisher e Roach preparam então oito xícaras e as dão sucessivamente para Bristol provar: ela precisa adivinhar, em cada caso, em que ordem o chá e o leite foram adicionados. As respostas são anotadas.

O episódio é narrado por Fisher no livro *The Design of Experiments* [O desenho de experimentos] (1935), que lançou as bases da teoria dos testes estatísticos. Fisher explica nessa obra como conceber e realizar experimentos para testar estatisticamente a validade de uma afirmação — nesse caso, a tese de que o sabor depende da ordem da mistura. Quantas xícaras deveriam ser usadas no teste? Deveriam ser apresentadas separadamente ou em duplas? Em que ordem? O que fazer com variações na temperatura ou na quantidade de açúcar? Como interpretar os resultados? Fisher sabia que a relevância dessas questões ia muito além de uma brincadeira de verão.

A discussão também inspirou o título do livro *Uma senhora toma chá...*, em que David Salsburg (n. 1931) explica como as conclusões de Fisher, e de outros que vieram depois, revolucionaram o modo de fazer ciência experimental e, em particular, fizeram de Rothamsted um dos mais renomados centros mundiais na pesquisa agrícola científica.

Fisher não comenta quantas das oito respostas Bristol acertou, mas Salsburg conseguiu a informação com outro participante da discussão, o estatístico Fairfield Smith: ela acertou todas! A probabilidade de isso acontecer por acaso seria de apenas 1 em 70, ou seja, cerca de 1,4%. Fisher apenas debate a conveniência de fazer mais testes, mas Roach não tem dúvida de que sua amada "adivinhou corretamente mais do que suficiente para provar sua tese".

Muriel Bristol estudou botânica na Universidade de Birmingham e trabalhou em Rothamsted entre 1918 e 1928, pesquisando o modo como as algas absorvem os nutrientes de que necessitam. Ela e Roach se casaram em 1923. Faleceu de câncer ovariano em 1950.

O fácil pode ser muito difícil

A conjectura de Collatz é um exemplo espetacular de como um problema matemático pode ser facílimo de formular e dificílimo de resolver.

Funciona assim. Considere um inteiro positivo N qualquer. Se for par, divida por 2. Se for ímpar, multiplique por 3 e some 1. Substitua N pelo resultado obtido e siga repetindo esse procedimento. Por exemplo, se começar com $N = 7$ obterá, sucessivamente, 22, 11, 34, 17, 52, 26, 13, 40, 20, 10, 5, 16, 8, 4, 2, 1, e a partir daí a sequência só repete os números 4, 2, 1, ciclicamente. Se começar com outro valor de N, a sequência será diferente, claro, porém mais cedo ou mais tarde chegará ao número 1. O número de operações até isso acontecer, chamado tempo de paragem, depende de maneira complicada do número inicial N. Mas cedo ou tarde sempre acontece.

Pelo menos foi assim para todos os números testados até hoje. Com o advento do computador, tornou-se possível testar números cada vez maiores: hoje em dia sabemos que a propriedade de chegar ao número 1 vale, pelo menos, para todos os números N com menos de 21 dígitos. Mas ninguém conseguiu ainda dar uma prova matemática rigorosa de que essa propriedade valha para todos os inteiros, apesar de todos os esforços feitos desde que o problema foi levantado, em 1928, pelo matemático alemão Lothar Collatz (1910-90). Na verdade, houve pouquíssimos avanços.

O matemático húngaro Paul Erdős (1913-96) já disse que "talvez a matemática não esteja pronta para problemas como esse", querendo dizer que não existem ferramentas para atacá-lo. Ele também ofereceu quinhentos dólares pela solução, e o prêmio continua valendo. Em 1976, Riho Terras (1939-2005) provou que para "quase todo" N, a sequência acaba tomando valores inferiores ao N inicial. Isso foi melhorado em 2019 por Terence Tao (n. 1975). É encorajador, mas para provar a conjectura serão necessárias novas ideias.

Um avanço interessante que também ilustra a sutileza do problema foi obtido por John Conway (1937-2020) e melhorado por Stuart Kurtz e Janos Simon. Num contexto um pouco mais geral, eles provaram que o problema é computacionalmente indecidível: não existe nenhum programa de computador capaz de dizer se, para todo N, a sequência vai ou não chegar ao 1.

Um conto de dois cafés

No momento em que escrevo esta coluna, março de 2022, a cidade ucraniana de Lviv está sob ataque do exército russo, mas ainda serve de ligação entre seu país e o resto da Europa. A metrópole de 700 mil habitantes, que já foi polonesa (Lwów) e austro-húngara (Lemberg), não costuma frequentar as manchetes internacionais, mas tem uma história rica, de mais de 750 anos.

Lviv também tem lugar especial nos anais da ciência, por ter albergado, nos anos 1930, uma das escolas de matemática mais brilhantes que a Europa já viu, com astros como Hugo Steinhaus (1887-1972), Stefan Banach (1892-1945), Kazimierz Kuratowski (1896-1980), Juliusz Schauder (1899-1943), Stanisław Mazur (1905-81), Karol Borsuk (1905-82), Stanisław Ulam (1909-84) e Mark Kac (1914-84), entre outros. É um conto de dois cafés.*

O conto começa no Café Roma, próximo da Universidade de Lviv. Era lá que o grupo se juntava após as reuniões semanais da Sociedade Polonesa de Matemática, para horas de discussão sobre a teoria dos conjuntos, topologia geral, análise funcional e outros temas, sempre com acompanhamento de uma xícara de chá ou café. Assim se forjou um ambiente colaborativo que parece natural hoje, mas era incomum na pesquisa matemática da época.

Embora o consumo no café fosse frugal, nem sempre era fácil pagar a conta, sobretudo lá para o final do mês... Um dia, chateado com a dificuldade para obter crédito no Roma, Banach decidiu mudar a reunião para o Café Escocês, a vinte metros de distância, onde o grupo continuou colaborando na resolução de problemas matemáticos.

Ulam conta que as mesas tinham tampo de mármore, nos quais era possível escrever diretamente com lápis. Mas a esposa de Banach não apreciava essa bagunça, e por isso providenciou um caderno grande para que anotassem os problemas e as soluções, de modo que não fossem esquecidos. Era 1935, e esse Livro Escocês, como ficou conhecido, se tornou um documento matemático quase lendário.

---

* Sou grato ao colega e amigo Rogério Steffenon, professor da Universidade do Vale do Rio dos Sinos (Unisinos), por me fazer pesquisar essas histórias e por insistir que as compartilhe.

Ele contém 198 problemas, e vários tiveram papel de relevo no desenvolvimento da matemática e são fonte de inspiração até hoje. Cerca de ¼ deles ainda não estão resolvidos. O caderno era mantido no café, sob a guarda de um garçom que o levava às mesas sempre que solicitado. Mazur gostava de oferecer prêmios pela resolução dos problemas que formulava: pelo problema 30, uma cerveja pequena; já pelo 31, mais difícil, cinco cervejas pequenas. Vários seguiram o exemplo. Embora os prêmios nos pareçam simples, eram artigos de acesso difícil nos anos da Grande Depressão (1929-39). O número 153, por exemplo, foi resolvido em 1972 pelo sueco Per Enflo (n. 1944), que assim fez jus à premiação: um ganso vivo, que Mazur financiou e lhe entregou em pessoa, em cerimônia televisada para toda a Polônia.

No verão de 1939, certo de que a guerra mundial era iminente, Mazur insistiu que o caderno precisava ser escondido, para que não se extraviasse. Combinou com Ulam que o tesouro seria enterrado perto do gol de uma certa quadra de futebol, mas ao que parece ficou mesmo na posse de Banach.

Quando ele morreu, em 1945, o caderno foi encontrado por seu filho, que o mostrou a Hugo Steinhaus, que fez uma cópia integral, à mão, e em 1956 a enviou a Ulam, que trabalhava no laboratório de Los Alamos, nos Estados Unidos. Ulam traduziu os problemas para o inglês e fez trezentas cópias, que distribuiu entre amigos e universidades. A primeira edição profissional foi feita por Los Alamos, em 1977.

A essa altura, a Escola Matemática de Lwów deixara de existir: a ocupação soviética (1939) e a nazista (1941) forçaram a maioria dos membros, especialmente os judeus, a fugir e a continuar a sua contribuição para a ciência longe do país natal. Em 1945, Lwów foi incorporada à República Socialista Soviética da Ucrânia, passando a se chamar Lviv. Hoje, vive os horrores de outra guerra, tão injustificável quanto a anterior. Esperemos que seja menos destrutiva.

O matemático que não existiu

Em 1934, os jovens matemáticos franceses André Weil (1906-98) e Henri Cartan (1904-2008) eram professores de cálculo na Universidade de Estrasburgo. Insatisfeitos com o livro adotado nesse curso, optaram por escrever eles mesmos um *Tratado de análise*. Formou-se um grupo e foi decidido que o trabalho seria coletivo, sem menção aos autores individuais: para assinar a obra, foi inventado um pseudônimo, Nicolas Bourbaki, homenagem jocosa a um general pouco conhecido. O grupo inicial incluía Claude Chevalley (1909-84), Jean Delsarte (1903-68) e Jean Dieudonné (1906-92), além de Cartan e Weil. Ao longo do tempo, entraram outros, como Jean-Pierre Serre (n. 1926), Laurent Schwartz (1915-2002), Alexander Grothendieck (1928-2014), Alain Connes (n. 1947) e Jean-Christophe Yoccoz (1957-2016), todos ganhadores da medalha Fields.

A composição do Bourbaki era secreta, mas a identidade ficava conhecida quando cada membro se aposentava do grupo, o que devia acontecer até os cinquenta anos. Membros proeminentes tiveram relações com o Brasil: Weil, Dieudonné e Grothendieck visitaram a Universidade de São Paulo (USP) por períodos longos, e Grothendieck colaborou com Leopoldo Nachbin (1922-93), um dos fundadores do Instituto de Matemática Pura e Aplicada (Impa).

O objetivo de Bourbaki era deduzir a matemática de forma rigorosa a partir de ideias fundamentais, os axiomas. Transformou-se numa tarefa imensa, jamais completada, apesar dos inúmeros livros que escreveram. No processo, o grupo tornou-se muito influente, para o bem e para o mal. Nos anos 1950, houve importantes avanços na topologia algébrica, na geometria algébrica e analítica e na análise funcional, que se beneficiaram da reorganização da matemática promovida por Bourbaki.

Ao mesmo tempo, a ênfase do grupo no rigor e na generalidade, sem espaço para a intuição, foi muito criticada: para muitos, não é assim que ideias matemáticas são descobertas. "Bourbakista" virou uma espécie de insulto, sinônimo de preciosista e abstrato demais. A influência mais conhecida de Bourbaki foi a "matemática moderna", que nos anos 1960 chacoalhou a educação matemática, inclusive no Brasil. A proposta era basear o ensino da disciplina na teoria dos conjuntos, mas fracassou espetacularmente (segundo um crítico sarcástico, "na matemática moderna o que importa é o aluno entender o que está fazendo, e não obter a resposta certa") e foi pouco a pouco abandonada no mundo todo.

A batalha do Atlântico

Detesto admitir, mas meus colegas não costumam ser pop como os atores, esportistas, cantores, líderes religiosos e até alguns políticos. É bem mais difícil que matemáticos se tornem conhecidos e apreciados pelo grande público. No entanto, há exceções.

As crianças francesas do início do século XX colecionavam figurinhas de celebridades da época, entre as quais... Henri Poincaré (1854-1912). Vinham nas caixas de chocolate Guérin-Boutron, e o grande matemático era a figurinha 469. É comovente imaginar as negociações ansiosas no recreio da escola: "Você tem o Poincaré? Dou o almirante Makaroff e dois reis da Inglaterra pelo Poincaré!". É difícil conceber isso nestes nossos dias de Neymar, Messi e Cristiano Ronaldo...

Os outros exemplos que me vêm à mente são figuras cuja trajetória foi marcada pela tragédia. O genial matemático indiano Srinivāsa Aiyangār Rāmānujan (1887-1920), protagonista do filme *O homem que viu o infinito*, morto aos 32 anos na sequência de problemas de saúde que o perseguiram durante toda a vida e que estavam diretamente ligados à pobreza. O norte-americano John Forbes Nash (1928-2015), matemático, economista, pioneiro da teoria dos jogos e celebrizado pelo filme *Uma mente brilhante*. A pesquisa notável, o drama da loucura, a incrível cura e o trágico acidente que causou a morte do matemático e de sua esposa — tudo compõe uma história mais impressionante do que a ficção poderia ter concebido. Na época do filme, o jornal *Corriere della Sera* perguntou a um colega italiano se a matemática poderia ter contribuído para a loucura de Nash, ao que ele respondeu que sim. Quando questionei se acreditava mesmo nisso, o colega matemático respondeu: "Claro que não. Mas o jornalista acreditava, e ficaria desapontado se eu respondesse outra coisa".

Outro matemático conhecido do grande público é o inglês Alan Turing (1912-54), considerado o criador da ciência da computação e da inteligência artificial. Em seu trabalho *Sobre os números calculáveis, com uma aplicação ao problema da decisão* (1936), ele propôs um modelo simples, que atualmente chamamos "máquina de Turing universal", e mostrou que tal máquina poderia calcular tudo o que um ser humano pode calcular. Os primeiros computadores modernos (programáveis) foram construídos uma década depois, com base nas ideias de Turing. Foi com essas credenciais que Turing foi convocado às instalações do serviço secreto britânico em Bletchley Park, em 1938, para participar do grupo que tentava quebrar o código Enigma, usado pelas forças armadas alemãs, especialmente a marinha, nas comunicações secretas. Esse importante episódio da história da Segunda Guerra Mundial é tratado em diversos filmes recentes: *U-571: A batalha do Atlântico* (2000), *Enigma* (2001) e *O jogo da imitação* (2014), que destaca o papel de Turing. Mas, vamos deixar bem claro: esses filmes estão cheios de erros históricos e omissões tendenciosas.

Não foram os britânicos os primeiros a quebrar o código Enigma: foram os poloneses, que, inclusive, construíram uma cópia da máquina codificadora Enigma e a forneceram ao serviço secreto britânico depois que a Polônia foi ocupada pela Alemanha e pela União Soviética. Quando os alemães a substituíram por uma máquina mais complicada, o trabalho do serviço secreto polonês deixou de ser suficiente, mas continuou sendo extremamente útil.

E o Enigma não foi o único código importante quebrado na guerra: o matemático sueco Arne Beurling (1905-86) quebrou o código Geheimfernschreiber, considerado ainda mais complicado que o Enigma, e foi assim que o serviço secreto sueco ficou sabendo com antecedência da operação Barbarossa, o plano dos alemães para invadir a União Soviética. Oficialmente neutros, os suecos repassavam informações aos Aliados. Mas o líder soviético Josef Stálin (1878-1953) recusou-se a acreditar que o amigo Adolf Hitler (1889-1945) se voltaria contra ele e não preparou seu país para a invasão.

Além disso, todo o brilhante trabalho dos matemáticos em volta de Turing teria sido em vão se não fosse o heroísmo dos marinheiros britânicos (e não norte-americanos, como quer nos fazer crer o filme *U-571*) que caçavam submarinos alemães para confiscar máquinas Enigma e livros de códigos, necessários para recalibrar a decodificação a cada vez que os alemães mudavam a configuração das máquinas. A tarefa era perigosíssima, pois os oficiais alemães tinham ordens de afundar as embarcações com todo mundo dentro, em caso de captura: mais de um bravo marujo britânico afundou junto em sua tentativa heroica de coletar o material.

Dito tudo isso, Turing realmente revolucionou o ataque ao problema do Enigma. Uma de suas maiores contribuições foi uma máquina eletromecânica chamada *bombe*, que permitia analisar rapidamente as possíveis configurações da máquina Enigma usadas pelos alemães. Isso era crucial para interpretar as mensagens enquanto as informações ainda eram úteis, pois os alemães mudavam as configurações o tempo todo. A descoberta do código Enigma foi importantíssima para neutralizar a ameaça dos submarinos alemães: contribuiu para a virada da batalha do Atlântico em favor dos Aliados e salvou milhares de vidas. Entre elas, a vida de muitos brasileiros: de maio de 1942 a julho de 1944, os submarinos alemães afundaram 31 navios com a nossa bandeira, causando mais de 1.050 mortes, o que obrigou o governo Vargas a declarar guerra à Alemanha nazista.

A condição de cientista respeitado e herói de guerra não livraria Turing das amarguras que a vida lhe reservara. Condenado por "atos homossexuais" em 1952, ele aceitou um "tratamento" de castração química para evitar a prisão. Cometeu suicídio por envenenamento dois anos depois, dias antes do seu 42º aniversário. Em 2009, o governo britânico apresentou desculpas formais, e em 2013 a condenação de 1952 foi anulada pela rainha Elizabeth II.

Os marcianos já caminharam na Terra

Na imensidão do universo há incontáveis galáxias, cada uma com bilhões de estrelas, rodeadas por ainda mais planetas. Entre tantos, não há como duvidar de que muitos tenham vida inteligente. Certamente, vários planetas já alcançaram a era espacial: seus habitantes circulam entre os astros, explorando novos mundos. Não é possível que não encontrem um lugar lindo como a Terra.

Enrico Fermi (1901-54), o grande físico ítalo-americano que liderou o projeto nuclear dos Estados Unidos, não estava convencido disso. "Nesse caso, esses seres superiores já deveriam ter chegado. Onde estão eles?" A resposta, descarada, veio do físico e biólogo húngaro Leó Szilárd (1898-1964): "Eles já estão entre nós, só que se denominam húngaros".

Assim nasceu a lenda dos marcianos.

Nos anos em torno da Segunda Guerra Mundial, emigrou para os Estados Unidos um grupo impressionante de cientistas húngaros, especialmente matemáticos e físicos de origem judaica. Além de Szilárd, estavam Theodore von Kármán (1881-1963), Eugene Wigner (1902-95), John von Neumann (1903-57), Edward Teller (1908-2003), Paul Erdös (1913-96), Peter Lax (n. 1926) e muitos outros. Com seu talento sobre-humano — e o sotaque carregado do Drácula nos velhos filmes protagonizados pelo também húngaro Béla Lugosi (1882-1956) —, eram um grupo à parte. Ficava fácil acreditar que não eram deste mundo.

Dizia-se que uma nave marciana pousara em Budapeste por volta de 1900. Tendo concluído que a Terra não lhes interessava, os alienígenas foram embora, mas não sem antes gerarem os famosos cientistas. Estes contribuíam para enfeitar e propagar a lenda, adicionando "evidências". Edward Teller, que se orgulhava das iniciais E.T., fingia preocupação: "A história está se espalhando, aposto que [Theodore] Von Kármán anda falando demais!".

No livro *Os marcianos*, o cientista húngaro György Marx (1927-2002) aponta a prova irrefutável da origem não terráquea do grupo: embora não haja ruas com o nome deles em Budapeste, tanto Von Neumann quanto Szilárd e Von Kármán são nomes de crateras na Lua e até em Marte! Quase todos os marcianos já partiram para o mundo de seus ancestrais.

Mas Peter Lax (n. 1926), expoente da matemática aplicada no século XX, continua entre nós, aos 98 anos.

Lax foi protagonista de um episódio bizarro, em 1970, quando era professor do Instituto Courant de Matemática, da Universidade de Nova York. Um grupo de alunos anarquistas sequestrou um supercomputador da instituição, cuja compra Lax havia liderado, e ameaçou destruí-lo com dispositivos incendiários. Usando seus poderes extraterrestres, Lax desativou os dispositivos e salvou a máquina.

Litros de informação

Na minha infância, supermercados não existiam, pelo menos não onde eu morava. Na mercearia sempre era preciso especificar as quantidades: quantos quilos de arroz, litros de leite, metros de barbante. Lembro quando, bem mais tarde, aprendi que a informação também pode ser quantificada. A descoberta de que faz sentido medir quanta informação há num livro, num disco ou até neste artigo, fascina-me até hoje.

A ideia remonta à publicação, em 1948, do trabalho *Uma teoria matemática da informação*, do norte-americano Claude Shannon (1916-2001), que transformou numa ciência pujante, fortemente ligada à matemática, o que até então fora um conjunto de regras empíricas, abrindo caminho para a Era da Informação em que vivemos hoje. Shannon graduou-se na Universidade de Michigan, em 1936, com titulação dupla em matemática e engenharia. No ano seguinte, concluiu o mestrado no Instituto de Tecnologia de Massachusetts, o renomado MIT. Na dissertação, provou que circuitos elétricos que executam as operações lógicas fundamentais ("e", "ou" e "não") permitem realizar todos os cálculos numéricos — descoberta que está na base do funcionamento de todo computador.

Shannon terminou o doutorado em 1940, também no MIT, com uma tese sobre a formulação matemática da genética. Durante a Segunda Guerra Mundial, participou ativamente no esforço de guerra, particularmente em criptografia. *Uma teoria matemática da informação* é resultado da pesquisa que realizou e da experiência adquirida nesse período.

A ideia central da teoria de Shannon é que a quantidade de informação de um evento E depende apenas da probabilidade $p(E)$ desse evento, e é tanto maior quanto menor for a probabilidade. Por exemplo, em 2014, a notícia "Brasil tomou 7 a 1 da Alemanha" continha muita informação, pois esse era um evento muito improvável (entre nós: era para ter sido impossível!).

Em termos precisos, para Shannon a quantidade de informação está dada pelo logaritmo de $1/p(E)$ na base 2. Assim, a quantidade de informação de um evento com probabilidade $1/2$, tal como "a moeda deu cara", é igual a 1. Essa é a unidade (uma espécie de litro, quilo ou metro) de informação, que Shannon chamou de "bit", abreviatura de *binary digit* (dígito binário, em inglês).

A memória de todo computador está formada por unidades que guardam 1 bit de informação cada. Elas estão organizadas em grupos, normalmente de 8 bits, que são chamados "bytes". Uma foto de 1 megabyte (1.048.576 bytes) ocupa o mesmo espaço de memória que seria necessário para guardar o resultado de 268.435.456 lançamentos de uma moeda. Não importa se a foto é bonita ou feia.

A arte de encontrar seu par

Todo mundo conhece:

João amava Teresa que amava Raimundo
Que amava Maria que amava Joaquim que amava Lili
que não amava ninguém.
João foi para os Estados Unidos, Teresa para o convento,
Raimundo morreu de desastre, Maria ficou para tia,
Joaquim suicidou-se e Lili casou com J. Pinto Fernandes
que não tinha entrado na história.

Será que a matemática poderia ter ajudado os personagens de Carlos Drummond de Andrade a terem um final mais feliz?

O problema do casamento pode ser formulado da seguinte maneira, na versão clássica (no fim do texto vou mencionar outra versão, mais flexível). Temos dois grupos de pessoas: "homens" e "mulheres". Cada homem tem uma lista de mulheres com quem aceitaria se casar, ordenada pela preferência. Do mesmo modo, cada mulher tem uma lista de homens aceitáveis, elencada na ordem de preferência.

Como emparelhar os homens e as mulheres de modo a atender melhor a essas preferências? Será que existe sempre algum emparelhamento estável ("à prova de divórcio"), que não deixe separado nenhum casal que preferiria ficar junto?

Pois bem, a resposta é sim! Mais ainda, um emparelhamento estável pode ser obtido usando o seguinte método.

Inicialmente, cada mulher pede em namoro seu homem preferido, o primeiro na sua lista. Cada homem rejeita as mulheres que estão fora de sua lista de mulheres aceitáveis; caso tenha recebido pedidos de aceitáveis, aceita temporariamente aquela em melhor posição na lista e rejeita as demais. Isso encerra a primeira rodada, com alguns homens e mulheres comprometidos temporariamente e outros ainda solteiros.

Em seguida, cada mulher que permanece solteira pede em namoro o homem preferido dentre os aceitáveis que não a rejeitaram. Caso não exista mais nenhum nessas condições, ela fica solteira até o fim. Novamente, cada homem nega o pedido das mulheres que ele não deseja e, se tiver recebido um ou mais convites das aceitáveis, une-se àquela em melhor posição na lista, rejeitando as demais. Pode até dispensar a namorada aceita antes, se for o caso, e trocá-la por outra que esteja fazendo o pedido e que ele prefira.

Esse procedimento vai sendo repetido até que nenhuma mulher seja rejeitada. Nesse ponto, ou todas estão comprometidas, ou foram rejeitadas pelos homens aceitáveis. No primeiro caso, o compromisso torna-se definitivo e o casamento é celebrado. No segundo, a mulher fica solteira. Homens sem pedidos de namoro também ficam solteiros.

O método foi proposto em 1962 por David Gale (1921-2008), matemático norte-americano, e Lloyd Shapley (1923-2016), matemático e economista britânico. Em trabalho publicado na revista *American Mathematical Monthly*, eles provaram matematicamente que esse método sempre produz um emparelhamento estável num número finito de etapas. Além disso, o resultado é o emparelhamento ótimo para as mulheres, ou seja, dentre todos os estáveis, o que melhor atende às suas preferências. Claro que podemos trocar os papéis de homens e mulheres e, nesse caso, obteremos o emparelhamento estável ótimo para os homens. Mas o que é melhor para as mulheres é pior para os homens, e vice-versa: quem sai ganhando é sempre o gênero que tem a iniciativa de fazer o pedido de namoro.

Nesse mesmo artigo, "Entrada na universidade e a estabilidade do casamento", Gale e Shapley também resolvem um problema relacionado, que diz respeito ao processo seletivo para universidades. De um lado, estão as universidades, cada uma oferecendo certo número de vagas para alunos. Do outro, estão os candidatos às vagas, cada um com uma lista de instituições onde aceitaria se matricular, ordenadas por preferência. Cada universidade também tem a lista de alunos que aceitaria receber, ordenada por preferência.

O problema é como alocar os candidatos às vagas para melhor atender às preferências de ambas as partes. Em particular, deseja-se que essa correspondência seja estável, isto é, que não exista nenhuma dupla formada por uma universidade U e um estudante E tal que E prefira U à universidade que o admitiu (ou está sem nada e prefere U a ficar sem nada), e U prefira E a algum estudante que admitiu (ou prefira dar uma vaga a E a ficar sem preenchê-la).

Mais uma vez Gale e Shapley provam que sempre existe um emparelhamento estável. A prova é simples, mas engenhosa: consideram cada vaga como se fosse uma universidade diferente e então o processo seletivo transforma-se num "casamento" dos candidatos com as vagas. Dessa forma, o problema fica reduzido ao problema anterior, que já explicamos como resolver. Essa observação ajuda a entender por que a matemática é tão poderosa: como estuda padrões, ou seja, características profundas que são comuns a diferentes situações, ela é capaz de aplicar ideias de um problema (casamento) a outro que parece completamente diferente (vestibular).

Embora na época do artigo os autores desconhecessem as aplicações, esse modelo se adéqua perfeitamente à situação em que a preferência das universidades se baseia na nota de um exame, como é o caso do Brasil e outros países. O algoritmo de Gale-Shapley, com os candidatos fazendo as propostas às universidades, assegura aos alunos a distribuição estável ótima das vagas universitárias. Não haveria impedimento a usá-lo no Sistema de Seleção Unificada (Sisu), mas tanto quanto sabemos isso não é feito.

Questionados sobre a natureza de seu trabalho, Gale e Shapley sempre se declararam matemáticos. Aliás, Gale dizia que "qualquer argumento que seja usado com suficiente precisão é matemático". Por suas contribuições, em 2012 Shapley recebeu o prêmio Nobel de Economia, partilhado com o norte-americano Alvin Roth (n. 1951), que liderou a aplicação da teoria do emparelhamento aos mercados da vida real. A essa altura, Gale já havia falecido.

Marilda Sotomayor (n. 1944), da Fundação Getulio Vargas do Rio de Janeiro (FGV-RJ), pesquisadora pioneira da teoria do emparelhamento, colaborou muitos anos com Gale e também com Roth, com quem escreveu o livro *Emparelhamentos binários: Um estudo de modelagem e análise em teoria dos jogos*. Em seus trabalhos, ela menciona muitas outras aplicações da teoria, por exemplo na alocação de médicos residentes em hospitais universitários, na admissão de estudantes a universidades brasileiras, no mecanismo dos leilões e no alojamento de estudantes em dormitórios.

Este último, conhecido como problema do companheiro de quarto (*roommate problem*), pode ser visto como uma versão flexível do problema do casamento, em que não há "homens" e "mulheres", apenas pessoas a serem agrupadas em duplas segundo as preferências. Gale e Shapley provaram que esse problema nem sempre tem solução estável.

Como engarrafar o trânsito

Anos atrás, o Rio de Janeiro embarcou num plano de reformas, em preparação para a Olimpíada de 2016. Viadutos foram demolidos, túneis escavados, sistemas de transporte criados, algumas ruas abertas e outras fechadas. O efeito catastrófico das obras no trânsito da cidade era previsível. Mas poderia ter sido mitigado usando a modelagem matemática e computacional do trânsito, para testar previamente, no computador, as consequências de diferentes ações.

O trânsito de uma cidade é um sistema complexo, e seu comportamento pode ser contraintuitivo. Um belo exemplo disso é o paradoxo de Braess, descoberto em 1969 pelo matemático alemão Dietrich Braess (n. 1938): abrir mais uma rua pode aumentar os engarrafamentos! Isso é muito estranho: na pior das hipóteses, bastaria não usar essa rua e ficaria tudo como antes, certo? Só que os motoristas (e os aplicativos de navegação) tomam decisões com base apenas na própria conveniência: se a rua está aberta, ela será usada, não importam as consequências para os demais.

Para explicar como isso pode piorar o trânsito, suponhamos que um certo número de carros (4 mil, digamos) quer ir do Início ao Fim, e há dois caminhos: pegar uma avenida de Início a *B*, e depois uma ponte estreita de *B* ao Fim; ou pegar outra ponte estreita de Início a *A*, e depois uma avenida de *A* ao Fim. As avenidas não engarrafam, e o trajeto em cada uma leva 45 minutos. Nas pontes, só passa um carro de cada vez, por isso o tempo para atravessá-las depende do número de carros: se forem todos os 4 mil, dá 40 minutos; se for a metade, bastam 20 minutos.

Como os dois trajetos são equivalentes, os carros se distribuem igualmente: metade passa por *A*, a outra metade por *B*. Nos dois casos, o tempo de viagem é de 45 minutos na avenida mais 20 minutos na ponte, total de 65 minutos.

Agora suponhamos que construímos uma via rápida ligando *A* a *B*, de modo que esse trajeto leve apenas 1 minuto. Os carros passam a ter mais uma opção: de Início a *A* pela ponte, depois até *B* pela via rápida, e então de *B* ao Fim pela outra ponte. Isso é vantajoso, pelo menos no início: são 20 mais 1 mais 20, ou seja, apenas 41 minutos.

O problema é que os demais motoristas (e seus aparelhos de GPS) ficam sabendo, e logo fazem o mesmo. O tempo da viagem passa a ser 40 mais 1 mais 40, quer dizer, 81 minutos. E o pior é que não tem volta: um motorista que tente mudar de estratégia vai descobrir que as alternativas são ainda mais desfavoráveis. A única coisa que melhora é fechar a via rápida e voltar ao início!

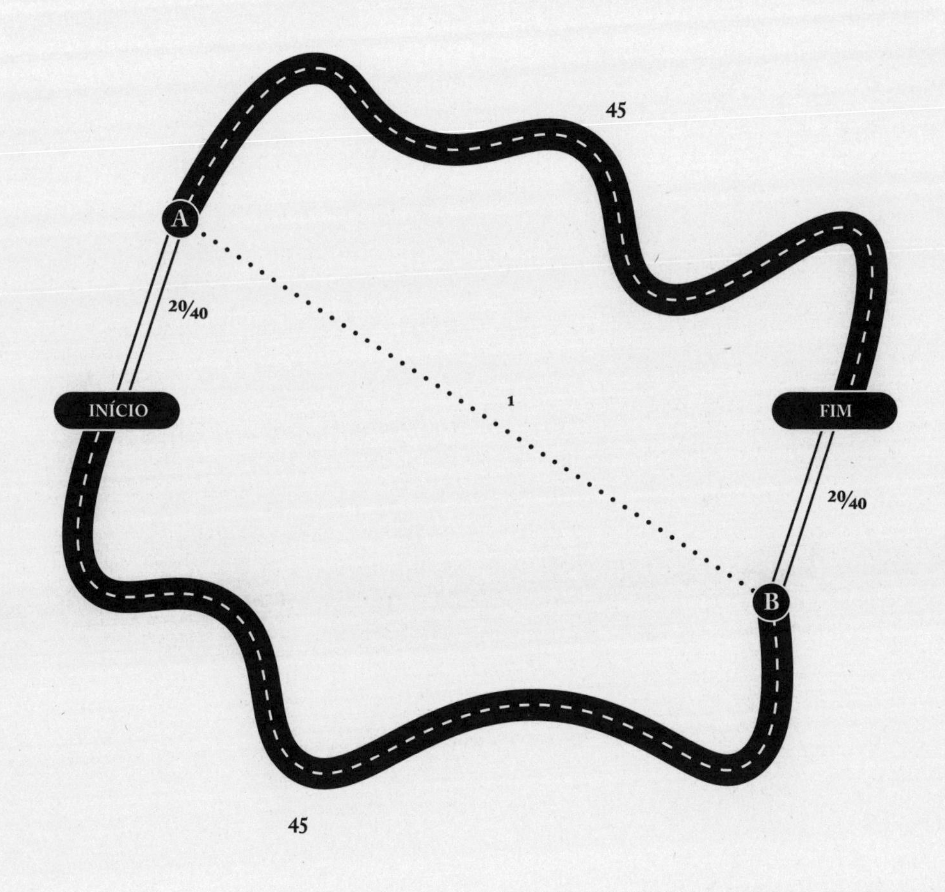

A abertura da via rápida entre 'A' e 'B' deveria facilitar o trânsito, mas é exatamente o oposto que acontece

O paradoxo de Braess não é apenas teórico: ele tem sido observado na prática em diversas cidades, como Nova York, Seul e Varsóvia. Engarrafamentos têm enormes custos econômicos, sociais e ambientais. Vale bem a pena usar a matemática para evitá-los e não fazer obras à toa.

Um paradoxo desafia a inteligência artificial

Em Djursholm, subúrbio elegante da cidade de Estocolmo, fica a sede do Instituto Mittag-Leffler. O palacete foi construído na década de 1890, pelo matemático sueco Gösta Mittag-Leffler (1846-1927), cujo casamento com a rica herdeira Signe af Lindfors (1861-1921) o dotara dos meios necessários para permitir a si e a sua família uma residência refinada. Em 1916, o casal doou a propriedade, incluindo sua excelente biblioteca, à Academia de Ciências da Suécia, para que nela fosse constituído um instituto de matemática. A doação incluía uma boa quantia em dinheiro, que se desvalorizou, no entanto, durante a Primeira Guerra Mundial (1914-8), o que inviabilizou o projeto. O instituto só viria a ser criado em 1969, tornando-se um polo de atração para matemáticos do mundo todo.

No térreo, há uma sólida lareira em granito cinza-chumbo. Gravada na pedra, uma inscrição antiga que um amigo sueco decifrou para mim com alguma dificuldade: "A mente não alcança além da palavra". Uma forma elegante de afirmar que aquilo que não conseguimos explicar aos demais, não sabemos realmente. É uma ideia importante para alguém como eu, que treina estudantes para descobrir, compreender e comunicar ideias matemáticas. Por isso, repito a frase de Mittag-Leffler com frequência a meus alunos. Maneira de dizer que, se sua tese não está bem escrita, é porque você ainda não entendeu o assunto direito.

Mas nem todo mundo concorda. No livro *A dimensão tácita* (1966), o filósofo britânico de origem húngara Michael Polanyi (1891-1976) apontou que o conhecimento humano do mundo e de nós mesmos está, em grande medida, além de nossa capacidade de expressão. "Sabemos mais do que conseguimos dizer", afirmou.

Saber dirigir é muito mais do que seguir as instruções básicas (soltar o freio de mão etc.) que recebemos do instrutor da autoescola: se não fosse assim, bastaria escutar. Mas esse muito mais, que adquirimos fazendo, nós não somos capazes de descrever. Reconhecer um rosto, jogar xadrez ou falar uma língua estrangeira são outros exemplos de coisas que sabemos fazer, mas somos incapazes de expressar como fazemos.

Na época, o "paradoxo de Polanyi" foi visto como um golpe profundo na ideia de inteligência artificial. Programas de computador consistem, assim se pensava na época, num conjunto de instruções que descrevem de modo completo e preciso o que deve ser feito. Se não sabemos explicar como reconhecemos uma face ou escolhemos uma jogada no xadrez, como podemos escrever os códigos explicando a um computador como executar essas tarefas? Haveria uma superioridade intrínseca da inteligência humana sobre a inteligência artificial: a capacidade de fazer coisas que não consegue descrever.

No entanto, essas são algumas das muitas tarefas em que a inteligência artificial tem feito progressos espetaculares nos últimos anos, a partir do advento dos métodos de *machine learning*, a aprendizagem de máquina. Descobrimos como computadores podem aprender a realizar tarefas complexas com base em exemplos, em dados reais, sem que tenhamos que explicitar exatamente o que devem fazer.

O jogo chinês go tem regras muito simples e, entretanto, é um dos mais complexos que existem, devido ao número astronômico de configurações possíveis, muito mais do que no xadrez. O programa de computador AlphaZeroGo utilizou técnicas de *deep learning* [aprendizagem profunda] para aprender a jogar em apenas algumas horas, competindo consigo mesmo sem intervenção humana. Hoje, ele é o campeão mundial inconteste de go, xadrez e outros jogos. Nenhum humano consegue rivalizar com ele.

Os céticos da inteligência artificial não deixam de apontar que em outras áreas, como o desenvolvimento de veículos autônomos ou de robôs domésticos, o progresso tem sido muito mais lento. A meu ver, isso apenas reflete o fato de que se trata de problemas ainda mais complexos, com muito mais variáveis do que um tabuleiro de jogo, e é só uma questão de tempo. Algoritmos já fazem diagnósticos confiáveis em certas áreas da medicina. Já compõem músicas convincentes no estilo de Bach. O desafio supremo será chegarem a provar teoremas no estilo de Carl Friedrich Gauss (1777-1855) e Leonhard Euler (1707-83).

Filosofia e ciência, juntas desde a Antiguidade

Quando fiz o ensino médio, em Portugal no final dos anos 1970, o currículo incluía duas disciplinas obrigatórias: português e filosofia. Creio que ambas continuam obrigatórias por lá. Elas me abriram horizontes que talvez eu não tivesse alcançado de outra forma.

Um de meus temas favoritos era a filosofia da ciência. Foi assim que tomei conhecimento de Henri Poincaré (1854-1912) e de suas ideias sobre a natureza do raciocínio matemático. A matemática é uma ciência notável porque é, ao mesmo tempo, dedutiva (rigorosa) e indutiva (criadora de conhecimento): todos os fatos são consequências lógicas de algumas afirmações fundamentais, chamadas "axiomas". Mas os teoremas, como o de Pitágoras, dizem coisas que vão muito além dos axiomas. Como isso é possível, de onde surge esse conhecimento?

Foi na aula de filosofia, e não de matemática, que ouvi falar pela primeira vez dos objetos maravilhosos que depois seriam chamados "fractais". A palavra ainda não era conhecida: o livro *A geometria fractal da natureza*, de Benoît Mandelbrot (1924-2010), que a criou e popularizou, só foi publicado (em inglês) uns anos depois. Mas os fractais já assombravam matemáticos e filósofos desde o século XIX. Como não ficar fascinado com o floco de neve de Helge von Koch (1870-1924), em que todo (!) ponto é uma "esquina" onde não existe reta tangente? Dez anos depois eu me tornaria pesquisador, e a matemática dos fractais seria (e é até hoje) um de meus maiores interesses de pesquisa.

Como adquirimos conhecimento? E o que podemos conhecer? A realidade é objetiva ou uma mera representação subjetiva? As questões da epistemologia me ajudaram, anos depois, a entender melhor o significado da mecânica quântica. As aulas me instigaram a ler mais sobre temas filosóficos, e assim conheci a excelente *História da filosofia ocidental*, de Bertrand Russell (1872-1970), um dos livros mencionados quando ele ganhou o prêmio Nobel de Literatura, em 1950. Por meio dele me interessei pelo pensamento cristão antigo e medieval. Pelos grandes pensadores da Igreja e sua busca pela divindade por meio da razão aliada à fé. Pelo modo como o humanismo emergiu dessa busca, no fim da Idade Média. Pela nova aliança entre a ciência e a filosofia, que redesenhou o mundo no Renascimento. A gênese, mais tarde, do Estado-nação e de outras ideias fundamentais que moldaram a história das relações internacionais, magistralmente contada por Henry Kissinger (1923-2023) em *Diplomacia* (2012).

Para Russell, a filosofia é uma "terra sem dono" entre a ciência e a teologia: tal como esta, lida com questões inacessíveis ao método científico, mas usando a razão no lugar do dogma. "A ciência diz-nos o que sabemos, e é pouco [...]; a teologia induz a crer dogmaticamente que temos conhecimento onde realmente só temos ignorância", explica. "Ensinar a viver sem certeza e sem ser paralisado pela hesitação é talvez a dádiva mais importante da filosofia do nosso tempo a quem a estuda." Essas palavras de 1945 são mais relevantes do que nunca em nossos dias.

O paradoxo de Simpson

Em 1973, a pós-graduação da Universidade de Berkeley, nos Estados Unidos, teve 12.763 candidaturas, sendo 8.442 homens e 4.321 mulheres. Foram aceitos 3.799 homens e 1.512 mulheres. Os números chamaram a atenção porque a taxa de aceitação de homens (45%) era bem maior que a das mulheres (35%). Uma lenda urbana diz que Berkeley foi processada por discriminar as mulheres, mas não chegou a tanto. Preocupada, a reitoria mandou auditar o processo de admissão e teve uma grande surpresa: em quase todos os departamentos, a taxa de aceitação de mulheres era maior que a de homens! A auditoria concluiu que "há um viés, pequeno, mas estatisticamente significativo, em favor das mulheres". O que estava acontecendo?

Esse é um dos fenômenos mais estranhos (e frequentes) em estatística: grupos de dados apresentam, individualmente, uma mesma tendência, mas ela desaparece, ou pode até ser invertida, quando juntamos os dados. Vejamos este exemplo simples.

A dra. Alice e o dr. Bento são cirurgiões experientes. Bento já fez 350 cirurgias, das quais 289 (83%) foram bem-sucedidas. Alice também fez 350, mas só 273 (78%) tiveram sucesso. Ele é claramente melhor do que ela, certo?

Só que há dois grupos de pacientes: moderados e graves. No primeiro, Alice fez 87 operações, sendo 81 bem-sucedidas: taxa de sucesso de 93%. Bento fez 270, sendo 234 exitosas: taxa de 87%. Nesse grupo, Alice leva vantagem. No segundo grupo, ela realizou 263 cirurgias, 192 com êxito: taxa de 73%. Já Bento fez 80, das quais 55 bem-sucedidas: taxa de 69%. Nesse grupo, também é Alice que tem o melhor desempenho.

Como explicar isso? A maioria dos pacientes de Bento está no grupo dos moderados, no qual as taxas de sucesso (de ambos) são melhores. Já Alice encara sobretudo casos graves, cujas taxas de sucesso são naturalmente piores. É por isso que, embora ela seja melhor do que ele nos dois grupos, no conjunto ele aparenta melhor desempenho.

Algo semelhante ocorreu no processo seletivo da Universidade de Berkeley em 1973, de acordo com a auditoria. De modo geral, as mulheres se apresentaram candidatas a cursos com relação candidato-vaga muito alta, afetando-as desproporcionalmente pela alta taxa de rejeição desses cursos mais competitivos. Já os homens buscaram sobretudo cursos menos concorridos, o que os beneficiou, também desproporcionalmente, pela alta taxa de aceitação desses cursos. Por isso, ainda que em cada curso a seleção tenha sido equilibrada, ou até mesmo um pouco favorável às mulheres, no conjunto de todos os cursos elas pareciam ter sido desfavorecidas.

Esse fenômeno é chamado paradoxo de Simpson, em homenagem ao estatístico britânico Edward Simpson (1922-2019), que em 1951 publicou um trabalho sobre um tema relacionado. Mas o paradoxo já tinha sido descoberto em 1899, por seu compatriota Karl Pearson (1857-1936), e em 1903, pelo também britânico Udny Yule (1871-1951). Ele é um alerta potente para o cuidado necessário na interpretação de dados estatísticos.

Enxadristas humanos em xeque

Nos tempos da faculdade, adorava passar horas na biblioteca da Matemática Aplicada. Entre muitas preciosidades, encontrei um dia o livrinho *Computadores, xadrez e planejamento de longo termo*, do engenheiro soviético Mikhail Botvinnik (1911-95), publicado em 1970. Botvinnik, campeão mundial de xadrez entre 1948 e 1963, era uma celebridade no meu meio. Que ele tivesse escrito sobre como jogava, e como seus processos de decisão poderiam ser reproduzidos por uma máquina, era uma descoberta incrível para um jovem que estava aprendendo rudimentos de programação de computadores. Decidi que implementaria o método dele.

Acho que eu sabia que outros deviam ter tido a mesma ideia, começando pelos brilhantes pioneiros da computação na União Soviética. E que, se eles não tinham conseguido, talvez as minhas chances não fossem boas. Fui em frente assim mesmo. Fracassei, claro, e fui feliz tentando.

Botvinnik propunha "buscas seletivas": o programador escolhe uma fórmula para avaliar cada posição do tabuleiro, e a máquina vai testando movimentos das peças (na época, conseguiam testar no máximo quatro movimentos na frente), abandonando a busca quando a avaliação fica ruim.

Poucos anos depois, os computadores já seriam muito mais poderosos, com as buscas seletivas substituídas pela força computacional bruta. Dessa forma, as primitivas maquininhas de xadrez dos anos 1980 foram ficando mais competitivas. Mas "sabíamos" que o ser humano sempre teria a primazia: afinal, "nenhuma máquina pode jogar melhor que o programador", certo?

Até que aconteceu: em maio de 1997, o computador Deep Blue, da IBM, bateu o campeão do mundo, Garry Kasparov (n. 1963). Capaz de avaliar 200 milhões de posições do tabuleiro por segundo, Deep Blue foi o computador mais potente que já enfrentou um humano campeão mundial, e sua vitória foi na base da força bruta. Foi um choque, porém não provou que computadores tivessem ficado mais inteligentes que os humanos.

A partir daí, a ênfase passou do hardware para o software, para o desenvolvimento de algoritmos mais eficazes de decisão, resgatando a abordagem inicial de Botvinnik. Dessa forma, em dezembro de 2017 chegamos a um evento muito mais significativo do que o embate entre o Deep Blue e

Kasparov: a derrota do Stockfish 8, o algoritmo campeão do mundo, para o AlphaZero, algoritmo desenvolvido pelo Google. A grande novidade é que o AlphaZero ensinou a si mesmo a jogar xadrez (e outros jogos, como go), sem intervenção humana. Após apenas nove horas de autotreinamento, jogando contra si mesmo, AlphaZero humilhou o campeão do mundo Stockfish 8 num torneio de 100 partidas: foram 28 vitórias, 72 empates, nenhuma derrota.

Foi uma prova contundente de como a inteligência artificial está adquirindo com rapidez o poder de substituir a humanidade em domínios que acreditávamos serem exclusivamente nossos.

O estranho caso do 6.174

Esta eu descobri nos tempos da faculdade, lendo a coluna Jogos Matemáticos, que o grande divulgador Martin Gardner (1914-2010) publicou durante 25 anos na revista *Scientific American*. Passei semanas rabiscando contas, tentando entender o mistério...

Considere um número N com quatro dígitos que não sejam todos iguais: por exemplo, $N = 4.347$. Organize os dígitos em ordem decrescente (7.443) e crescente (3.447), e chame $K(N)$ à diferença: $K(4.347) = 7.443 - 3.447 = 3.996$. A operação foi inventada em 1949, pelo indiano Dattareya R. Kaprekar (1905-86), professor de matemática na educação básica que dedicou a vida a estudar as propriedades dos números inteiros. Ele descobriu vários fatos surpreendentes.

Para começar, existe um único número N que é fixo para a operação, ou seja, tal que $K(N) = N$. Trata-se de 6.174, número ao qual, francamente, ninguém tinha dado a menor bola até então. Mas tem mais. Se iterarmos (ou seja, repetirmos) a operação, sempre acabamos chegando ao número fixo: por exemplo, $K(3.996) = 6.264$, $K(6.264) = 4.176$ e $K(4.176) = 6.174$. Isso acontece em no máximo sete passos, seja qual for o número inicial. Por quê?

Os matemáticos buscam entender mistérios como esse pensando de forma mais geral, variando os dados do problema para torná-lo mais abrangente. Nesse caso, a primeira coisa que vem à mente é variar o número de dígitos. Para números com 3 dígitos, as conclusões são análogas: existe um único número fixo, 495, e todos os demais (cujos dígitos não sejam todos iguais) acabam indo parar nele. Mas a partir daí as coisas ficam mais complicadas: para 2 ou 5 dígitos não existe nenhum número fixo, e para 6 dígitos existem dois: 549.945 e 631.764.

A maioria das pessoas fica decepcionada: será que o caso do 6.174 é mera coincidência e não existe nenhuma regra bonita e geral por trás? Antes de chegarmos a conclusões apressadas, observe que a operação de Kaprekar não depende diretamente do N, e sim dos dígitos. Portanto, se mudarmos a base B de numeração, o resultado também muda.* E o problema fica bem interessante.

---

* Escrevi sobre bases de numeração em "A matemática dos bichos", na p. 16.

Para 4 dígitos, existe número fixo se, e somente se, a base for um múltiplo de 5: isso inclui o caso $B = 10$ com que começamos. Para 3 dígitos, a base precisa ser par, o que também é o caso de $B = 10$. Já para 5 dígitos, número fixo existe somente se $B = 2$ ou se B é múltiplo de 3: note que $B = 10$ está excluído.

E para 2 dígitos, caro leitor, em quais bases existe número fixo? Ele é único?

Como tornar as eleições mais justas

O documentário *Edifício Master* (2002), dirigido por Eduardo Coutinho (1933-2014), relata o cotidiano de um prédio em Copacabana. Com 12 andares e 500 moradores em 276 apartamentos conjugados (23 por andar!), o Master é um microcosmo da Princesinha do Mar, com suas glórias e misérias. A equipe morou três semanas no prédio, filmando e entrevistando moradores. Alguns depoimentos são hilários, outros dramáticos. Todos são profundamente humanos.

Uma das entrevistas é com o síndico, que resgatou o prédio de um longo período de degradação. Quando perguntado como faz para gerir todos os problemas, responde com um leve sorriso: "Eu uso muito Piaget. Quando não dá certo, eu parto para o Pinochet". São referências ao psicólogo suíço Jean Piaget (1896-1980), pioneiro do estudo do desenvolvimento da criança, e ao ditador chileno Augusto Pinochet (1915-2006), responsável pelo pior período de repressão dos direitos humanos em seu país.

Fico imaginando como serão as reuniões de condomínio do Master, e como a matemática poderia ajudar. Suponhamos a seguinte situação, que não parece muito complicada. O condomínio precisa eleger uma comissão de três pessoas para redigir o novo regimento. Há exatamente três candidatos, o que simplifica as coisas. Mas a chapa precisa ser ordenada, porque o primeiro será o presidente da comissão — muito prestígio! —, o segundo será um mero vice-presidente, e o terceiro será o secretário — que terá todo o trabalho. Esse é um tipo de problema que ocorre em muitas outras situações. Por exemplo, no Instituto de Matemática Pura e Aplicada (Impa) precisamos lidar com situações como essa quando contratamos pesquisadores ou quando decidimos sobre prêmios ou bolsas para os alunos.

O síndico do Master sugere que cada um dos 276 condôminos vote indicando a ordem de preferência entre os três candidatos, e assim é feito. Agora é preciso transformar as 276 ordenações propostas pelos moradores em uma ordenação coletiva, representativa do condomínio. Se todo mundo tivesse indicado a mesma preferência, seria muito fácil: decisão por unanimidade e os condôminos voltam cedo para casa. Mas quando é que reunião de condomínio tem unanimidade?

Nessa hora de dificuldade, nosso dinâmico síndico faz o que todo administrador esclarecido faria: chama um matemático para ajudar, claro. A tarefa é definir uma regra justa, imparcial e impessoal para encontrar a preferência de todo o condomínio a partir daquelas expressas pelos moradores. O matemático imediatamente propõe que se adotem os seguintes princípios.

Primeiro, se por acaso um certo candidato X estiver na frente de outro Y na preferência de todos os moradores, então X tem que aparecer na frente de Y na ordenação final. Essa proposta — que chamaremos Princípio 1 — é aceita de imediato. Acredito inclusive que terá contribuído para consolidar a reputação dos matemáticos como pessoas sensatas e ponderadas.

Em seguida, o especialista propõe que a posição relativa (quem fica à frente de quem) de dois candidatos quaisquer, X e Y, na lista final, dependa apenas das suas posições relativas na preferência dos condôminos. Em outras palavras, ela não deverá depender de opiniões sobre o candidato Z. Após alguns esclarecimentos, essa proposta — o Princípio 2 — é igualmente aprovada. A assembleia de condomínio sorri, confiante de que a questão está em boas mãos.

Mas é aí que cai a bomba: o matemático informa que a única maneira de resolver a questão obedecendo aos Princípios 1 e 2 é escolhendo um dos condôminos — não importa como — e adotando a preferência dessa pessoa. Em outras palavras, eles precisam de um ditador! E é claro que o matemático pode provar o que diz: ele está apenas usando o teorema da impossibilidade de Arrow.

Em tempo: em momento algum o matemático diz que o ditador precisa ser o síndico. Pode ser qualquer condômino. Não vá o leitor desconfiado suspeitar de um conchavo, a que nem o valoroso gestor nem o competente cientista jamais se prestariam!

Kenneth Arrow (1921-2017) foi um economista, cientista político e escritor norte-americano, vencedor do prêmio Nobel de Economia em 1972. Seus principais trabalhos tratam da teoria do equilíbrio geral, da economia da informação e da teoria da decisão. O teorema de Arrow tem inúmeros desenvolvimentos. Ao lado do teorema da incompletude de Gödel, na lógica, e do princípio da incerteza de Heisenberg, na mecânica quântica, constitui um dos alertas mais intrigantes sobre os limites daquilo que podemos conhecer. E também é um desafio instigante para que busquemos contornar esses limites.

O livro *Geometry of Voting* [Geometria da votação], do norte-americano Donald Gene Saari (n. 1940), desenvolve a teoria matemática das eleições, explicando como podemos tomar decisões matematicamente mais justas e imparciais, apesar das limitações impostas pelo teorema de Arrow.

O livro ficou muito popular nos Estados Unidos por ocasião da eleição presidencial Bush-Gore de 2000, marcada pelas inacreditáveis trapalhadas de (re)contagem de votos. Infelizmente, lá preferiram não chamar os matemáticos para ajudar.

Aliás, a contribuição dos matemáticos nessas questões importantes costuma ser incompreendida, em particular pela classe política e pelo Judiciário. Vejamos esta história recente também relativa aos Estados Unidos. Em 2006, coorganizei uma conferência em Chicago para matemáticos de todo o mundo. Entre eles, havia um estudante iraniano do Instituto de Matemática Pura e Aplicada (Impa), cujo pedido de visto para os Estados Unidos havia sido sumariamente negado, apesar de ter apresentado toda a documentação, inclusive uma carta abonadora da direção do Impa.

Chateado, informei a minha colega em Chicago sobre o ocorrido, e aí aconteceu algo que não previ: ela enviou um e-mail ao deputado de seu distrito, que contatou o consulado no Rio de Janeiro. Pouco depois, o estudante recebeu um telefonema, pedindo que voltasse ao consulado. Em menos de 48 horas, a questão do visto estava resolvida.

Com o episódio, me tornei fã do sistema eleitoral norte-americano, em que o território está dividido em distritos e cada distrito elege um deputado. Dessa forma, o eleitor sabe quem é o seu representante no Parlamento e em quem votar ou não na próxima eleição, dependendo do trabalho realizado. Contudo, o sistema distrital também tem suas dificuldades. Para garantir isonomia, a lei exige que todos os distritos eleitorais contenham praticamente o mesmo número de eleitores. Para isso, os distritos precisam ser redesenhados a cada dez anos, a partir dos dados do censo. O problema é que a tarefa fica a cargo dos estados, onde o partido dominante costuma aproveitar para tirar vantagem. Eis um exemplo simples de como isso pode ser feito.

Suponhamos que um estado tenha 3 deputados, para 30 mil eleitores. Com base nas eleições anteriores, é sabido que 16.500 são republicanos e 13.500 são democratas, e também como uns e outros se distribuem no estado. Os democratas são mais de um terço, seria justo que tivessem pelo menos um deputado. Mas o partido majoritário desenha os distritos de tal modo que cada um deles contenha 5.500 republicanos e 4.500 democratas. Dessa forma, todos os deputados são republicanos!

Essa esperteza é antiga: já em 1812 o governador Elbridge Gerry (1744-1814), de Massachusetts, sancionou um mapa eleitoral manipulado para beneficiar seu partido. Jornais da oposição apontaram que um dos distritos era tão distorcido, para aproveitar a distribuição geográfica dos eleitores, que tinha a forma de uma salamandra (*salamander*, em inglês), e inventaram a palavra *gerrymandering* para descrever a prática fraudulenta.

O *gerrymandering* piorou ao longo destes dois séculos, tirando proveito de novas técnicas matemáticas e computacionais. Recentemente, o assunto foi parar mais uma vez na Suprema Corte. Estava em causa o mapa eleitoral do estado do Wisconsin, manipulado pela assembleia estadual, de maioria republicana. Mas uma eventual decisão poderá afetar muitos outros estados, dos dois partidos.

A grande questão é: como decidir se um mapa distrital é abusivo ou não? Em 1964, a Suprema Corte concluiu que "não temos como definir padrões claros, práticos e politicamente neutros". Mas, em 2004, o ministro Anthony Kennedy (n. 1936), considerado voto decisivo na questão, expressou a esperança de que os avanços que vêm tornando o *gerrymandering* mais sofisticado também possam fornecer meios para controlá-lo.

Essa é a base das novas ações, com os opositores ao *gerrymandering* propondo a adoção de certos critérios matemáticos, dos quais o mais popular é a "lacuna de eficiência". Para explicar como funciona, voltemos ao exemplo com três distritos. Em cada distrito, os democratas "desperdiçam" 4.500 votos, já que não elegem ninguém, e os republicanos "desperdiçam" 499 votos, pois bastariam 5.001 para eleger o deputado. No estado todo, são desperdiçados 13.500 votos democratas e 1.497 votos republicanos. A diferença dá 12.003 votos, que é 40,01% do número de eleitores do estado: esse percentual é a lacuna de eficiência do mapa. Os defensores de mudanças na lei propõem que a lacuna de eficiência não possa ultrapassar certo valor máximo: por exemplo, 7%. Por esse critério, 15 estados (quase todos republicanos) teriam que refazer seus mapas eleitorais atuais.

O problema é fazer os ministros entenderem a matemática! O presidente da Suprema Corte, John Roberts (n. 1955), declarou que a coisa lhe parecia "matematiquês sociológico incompreensível", acrescentando, "embora isso possa se dever à minha formação": ele tem graduação em história e direito pela Universidade Harvard.

Felizmente, também há juízes mais bem-(in)formados, que defendem o papel significativo da matemática na defesa dos direitos constitucionais dos eleitores. Resta ver que atitude vai prevalecer nessa questão. Em todo caso, o episódio ilustra bem por que a cultura matemática não pode ser só para os matemáticos. Ela é para todos.

Fobia de números

O cientista Stephen Hawking (1942-2018) contava que, quando estava escrevendo o livro *Uma breve história do tempo*, o editor lhe fez um aviso: "Não mencione nenhuma fórmula matemática. A cada fórmula, as vendas caem pela metade!". Hawking seguiu o conselho e a obra foi um dos maiores fenômenos de vendas da história da literatura científica.

Há muitos outros exemplos de como a "alergia" à matemática pode gerar prejuízos. Um amigo me contou dois casos norte-americanos muito curiosos, da área de publicidade. Nos anos 1980, a empresa A&W lançou um novo hambúrguer, para competir com o popular Quarterão, do McDonald's. O Quarterão pesa ¼ de libra (cerca de 110 gramas), e a campanha do novo sanduíche enfatizava que, pelo mesmo preço, ele continha ⅓ de libra de carne. Foi um enorme fracasso, porque muita gente achava que ⅓ é menos do que ¼, já que 3 é menor do que 4... Para que pagar o mesmo, por menos carne?

A A&W e seus publicitários pensaram muito e acabaram achando uma solução genial: substituíram o A&W ⅓ pelo novo A&W 3/9, que pesa 3/9 de libra. Nós sabemos que 3/9 é o mesmo que ⅓, claro, mas para muitos compradores parecia muito mais, já que 3 e 9 são números maiores. O A&W 3/9 foi um sucesso, a ponto de esgotar de vez em quando. Sempre que isso acontecia, a empresa substituía pelo A&W 2/6 (isso mesmo, 2/6 de libra...) sem cobrar nada a mais por isso!

O outro caso é ainda mais estranho. A cervejaria Miller lançou a Miller64, que tem apenas 64 calorias, para competir com a líder do segmento de cervejas superleves, a Bud Light Next 80, que tem 80 calorias. Mas uma pesquisa de mercado mostrou que boa parte dos clientes potenciais achava que 64 é mais do que 80, logo a nova cerveja seria de fato mais pesada que a outra! Como você resolveria um imbróglio desses, querida leitora, caro leitor?

A solução da Miller foi original e inteligente: contrataram o matemático Ken Ono (n. 1968), da Universidade da Virgínia, para esclarecer a questão. "Eu trabalho em teoria dos números, sou especialista em congruências de partições, formas modulares e na hipótese de Riemann. E garanto que 64 é menos do que 80."

"Provamos, 64 é menos do que 80!", conclui o comercial com entusiasmo.

Embaralhados em Las Vegas

O pesquisador Persi Diaconis, da Universidade de Stanford, interrompeu sua apresentação no evento em comemoração do septuagésimo aniversário do Instituto de Matemática Pura e Aplicada (Impa), em 2022, com uma pergunta que raramente se escuta numa conferência de pesquisa: "Quem se importa com isto?".

Diaconis é um personagem singular no mundo da matemática, com uma trajetória pessoal e profissional inusitada. Eu o encontrei pela primeira vez em 1998, quando ambos proferimos palestras plenárias no Congresso Internacional de Matemáticos de Berlim. Voltamos a nos encontrar quinze anos depois, quando ele fez uma palestra de popularização sobre a matemática das coincidências no 1º Congresso de Matemática das Américas, que ajudei a organizar na cidade mexicana de Guanajuato.

Nascido em 1945, aos catorze anos Diaconis saiu de casa para viajar com o mágico e prestidigitador Dai Vernon (1894-1992), ao lado de quem se apresentou em shows circenses. Na ocasião, ele abandonou a escola, claro. Mas regressou dez anos depois, determinado a aprender a matemática por trás dos truques de cartas que descobrira na estrada. Graduou-se pela Universidade da Cidade de Nova York, em 1971, e doutorou-se em estatística matemática pela Universidade Harvard, três anos depois. Contam que nesse período se sustentava e pagava os estudos jogando pôquer nos navios que ligavam Nova York ao Sul dos Estados Unidos. Hoje, é uma liderança quase lendária no mundo da pesquisa em estatística, além de continuar sendo um exímio prestidigitador.

Em alguns de seus trabalhos mais famosos, publicados nos anos 1990, Diaconis provou diversas regras matemáticas sobre embaralhamento, e o que é preciso fazer para que a ordem das cartas possa ser considerada genuinamente aleatória. "Tenho certeza de que a regra de que basta embaralhar sete vezes vai estar escrita na minha sepultura!", comentou em tom de brincadeira numa conversa.

Baralhos comuns contêm 52 cartas, 13 de cada naipe. O número total de ordenações possíveis das cartas é $52 \times 51 \times 50 \times \ldots \times 3 \times 2 \times 1$, que representamos por 52! e chamamos 52 fatorial. É um número colossal, com 68 dígitos. Para dar uma ideia, esse é também o número estimado de átomos em toda a Via Láctea! É por isso que adivinhar cartas de um baralho bem misturado é essencialmente impossível. A menos que saibamos alguma coisa sobre a ordenação delas, claro...

Ao começar qualquer partida, presume-se que a ordem das cartas seja conhecida, seja porque o baralho é novo e as cartas estão na ordem de fábrica, seja porque ele foi usado antes e os participantes podem lembrar. O objetivo do embaralhamento é misturar as cartas a fim de destruir toda informação que possa ser útil aos jogadores.

O modo mais usual de embaralhar cartas é cortar o baralho em duas partes (porque nós, humanos, temos duas mãos...), e misturar essas partes de forma mais ou menos aleatória. Não é um método muito bom, porque a ordem relativa das cartas em cada uma das partes permanece a mesma. É por isso que precisamos embaralhar várias vezes, se quisermos misturar de verdade. Em cassinos, o processo costuma ser feito por máquinas.

Quando as duas partes são exatamente iguais e as cartas são intercaladas em alternância exata, tem-se um "embaralhamento perfeito". Pouquíssimas pessoas no mundo conseguem fazer isso: Diaconis é uma delas. Apesar do nome, o embaralhamento perfeito é muito ruim: se fizermos oito embaralhamentos perfeitos seguidos, como por magia as cartas voltam exatamente à ordem inicial!

Na prática, embaralhamentos nunca são perfeitos, seja porque o corte do baralho não ocorre no meio, seja porque a alternância das duas partes não é exata. Isso ajuda, mas ainda assim é preciso embaralhar várias vezes para que as cartas fiquem bem misturadas. Quantas vezes?

Um dos teoremas mais famosos de Diaconis, aquele que ele pretende gravar em seu túmulo, responde: exatamente sete vezes. Mais embaralhamentos não acrescentam, e com menos ainda restam no baralho informações de que os jogadores podem tirar vantagem.

Esse foi precisamente o tema da palestra dele no Impa, aliás. E ele mesmo respondeu à própria pergunta sobre quem se importa com isso. "Bom, muita gente joga cartas, e as pessoas que embaralham as cartas se importam com quantas vezes devem fazer isso. Basicamente, mudaram as regras em Las Vegas por causa de um teorema que nós provamos!"

No início deste século, a indústria do jogo de Las Vegas estava bem preocupada. Uma quadrilha usara câmeras ocultas para filmar máquinas embaralhadoras nos cassinos. Passados em câmera lenta, os filmes permitiam descobrir muita coisa sobre a ordem das cartas. A informação era usada pela quadrilha para jogar contra a banca... e ganhar. Antes de serem pegos, já tinham faturado milhões de dólares à custa dos cassinos. As antigas máquinas precisavam ser trocadas.

A nova máquina cortava o baralho em vinte partes, no lugar de duas, invertendo a ordem das cartas em dez delas. Em seguida, as partes eram empilhadas aleatoriamente umas sobre as outras. Tudo isso dentro da máquina, para que não pudesse ser filmado. Os engenheiros estavam confiantes de que a nova máquina funcionaria bem, e com apenas uma rodada de embaralhamento. Mas os patrões, escaldados pelas perdas, queriam ter certeza: uma rodada desse processo bastaria para embaralhar bem as cartas? Ao contrário dos apostadores, Las Vegas não tolera perder dinheiro... Sabendo que só os matemáticos poderiam responder, contrataram Persi Diaconis.

Acontece que a conclusão dele não foi a que os empresários de Las Vegas e seus engenheiros esperavam. Diaconis identificou que a nova máquina ainda apresentava diversas vulnerabilidades. Os argumentos matemáticos dele não convenceram os engenheiros: "Eles não estavam nem aí para a noção de distância de variação total", lamenta-se Diaconis. Então ele e seus colegas partiram para uma demonstração prática: mostraram que, usando ideias simples, podiam explorar as deficiências do embaralhamento para adivinhar cerca de 20% das cartas do baralho, mais do que o suficiente para vencer a banca.

Os engenheiros tiveram que repensar o aparelho, mas, felizmente, o trabalho dos matemáticos também apontava como os problemas podiam ser resolvidos. E agora é muito mais difícil vencer a banca.

A ciência da paciência

Suponha a leitora que é proprietária de um terreno retangular com 80 metros de comprimento e 40 metros de largura. Aprendemos na escola que a área do retângulo é igual ao produto do comprimento pela largura: nesse caso, 80 vezes 40, igual a 3.200 metros quadrados.

Nesse terreno há um lago, que valoriza a propriedade, pelo que seria útil também conhecer sua área. O problema é que lagos costumam ter formas complicadas, muito diferentes das que aprendemos na escola: fórmulas de área das aulas de geometria não vão ajudar. Mas isso não quer dizer que a matemática não possa resolver o problema.

Aqui vai uma ideia um pouco mirabolante. Pode-se experimentar lançar um monte de pedrinhas ao acaso, em todo o terreno. Algumas cairão no lago e estarão perdidas. Suponhamos que a leitora lance 1.000 pedrinhas e no fim consiga recuperar 750, que caíram em terra. Então 250 pedrinhas, um quarto do total, terão caído no lago. Supondo que o lançamento realmente tenha sido ao acaso, isso sinalizaria que a área do lago é um quarto da área do terreno, ou seja, $3.200/4 = 800$ metros quadrados.

Certo, essa ideia não parece fácil de executar (nem muito ecológica). Mas, com alguns ajustes, é possível transformá-la numa solução prática muito eficaz para o problema. Por exemplo, em vez de ir até o terreno, a leitora pode mandar fazer uma foto aérea, fornecê-la a um computador e solicitar que simule o lançamento de pedrinhas, escolhendo 1.000 pixels ao acaso na foto: se o pixel for azul, então "a pedrinha caiu no lago".

Isso é um exemplo de uma técnica matemática chamada "método de Monte Carlo", que hoje em dia é utilizada nas mais diversas situações. Ela está, por exemplo, na base do monitoramento do desmatamento da Amazônia, no qual o Instituto Nacional de Pesquisas Espaciais (Inpe) usa fotos de satélite: queimadas podem ser identificadas pela mudança de cor e, apesar de terem formas complicadas, a área delas pode ser estimada do jeito que descrevi.

A ideia geral do método de Monte Carlo é que mesmo as questões com respostas determinísticas, dadas por fórmulas exatas, muitas vezes são mais fáceis de responder usando amostragem aleatória. Esse princípio foi descoberto na segunda metade dos anos 1940, por matemáticos que trabalhavam nas pesquisas secretas dos Estados Unidos para desenvolver armas nucleares. Um deles era Stanisław Ulam (1909-84), que nasceu na Polônia e emigrou para os Estados Unidos em 1939, poucas semanas antes de Adolf Hitler (1889--1945) invadir o seu país. Quatro anos depois, integrou o Projeto Manhattan, iniciativa do governo norte-americano para construir a bomba atômica. Em 1946, voltou ao famoso laboratório de Los Alamos para trabalhar em outro projeto ultrassecreto: a bomba de hidrogênio.

Os cientistas precisavam conhecer a frequência de colisões dos nêutrons, para então chegar à energia liberada em cada colisão. Os cálculos eram complicadíssimos, e fazer muita conta não era o estilo de Ulam. Nessa hora, ele se lembrou de um problema que resolvera nas horas vagas.

Os aficionados em jogar paciência sabem que, dependendo da ordenação inicial das cartas no baralho, pode ser impossível terminar a partida. O número total de ordenações é fácil de calcular: supondo que use um baralho de 52 cartas, é $52! = 52 \times 51 \times 50 \times \ldots \times 2 \times 1$ (que chamamos "52 fatorial"). Ulam queria saber quantas dessas são favoráveis, ou seja, quantas permitem que a partida termine. Mas as contas eram complicadas e ele optou por um jeito mais prazeroso: jogou paciência um monte de vezes, anotou a percentagem de partidas que conseguiu terminar e, ao multiplicar por 52 fatorial, obteve uma boa aproximação do número de ordenações favoráveis!

Ulam propôs essa ideia ao colega húngaro-americano John von Neumann (1903-57), um dos matemáticos mais brilhantes do século XX. Von Neumann percebeu imediatamente o enorme potencial da proposta e, com o físico greco-americano Nicholas Metropolis (1915-99), desenvolveu um modo de utilizá-la para fazer as contas no computador programável que havia acabado de ser construído em Los Alamos. Como a pesquisa era secreta, precisavam de um nome de código para o novo método. "Monte Carlo" foi sugestão de Metropolis, em homenagem ao famoso cassino do principado de Mônaco, onde um tio de Ulam torrava o dinheiro da família.

O método de Monte Carlo tem inúmeras aplicações, nas mais diversas áreas. Por exemplo, quando a polícia calcula o número de pessoas num ato público — no Brasil, pararam de fazê-lo, talvez para evitar controvérsias com os organizadores —, é claro que não é por meio de contagem. São usadas fotos aéreas e o método de Monte Carlo é usado para estimar o número de cabeças. Anos atrás, durante meu pós-doutorado na Universidade de Groningen, na Holanda, assisti a uma palestra em que a mesma ideia era usada para calcular as populações de tatuís nas praias do país, sem ter que incomodar os bichinhos para contá-los: os pesquisadores aplicavam o método de Monte Carlo a partir do número de furinhos que os tatuís fazem na areia.

Para dar certo, o método de Monte Carlo tem dois requisitos. A amostragem — o número de "pedrinhas" — precisa ser bastante grande, e precisa ser genuinamente aleatória: as "pedrinhas" devem estar bem distribuídas. Isso era um problema nos anos 1940, porque não se conheciam bons métodos para simular números aleatórios em computador. A ideia de fazer a simulação ao vivo, com um monte de pessoas jogando moedas e dados, não era praticável, e por isso Von Neumann teve que trapacear, lançando mão de números "pseudoaleatórios". Apesar do grande avanço alcançado desde então, esse continua sendo um tema de pesquisa muito ativo.

Deu para notar que todos os heróis da história de hoje eram norte-americanos, mas nenhum deles havia nascido nos Estados Unidos? É o resultado de uma política inteligente para atrair os melhores cérebros do planeta, e que eles mantêm até hoje. Em prejuízo daqueles, como nós, que ainda precisam aprender essa lição.

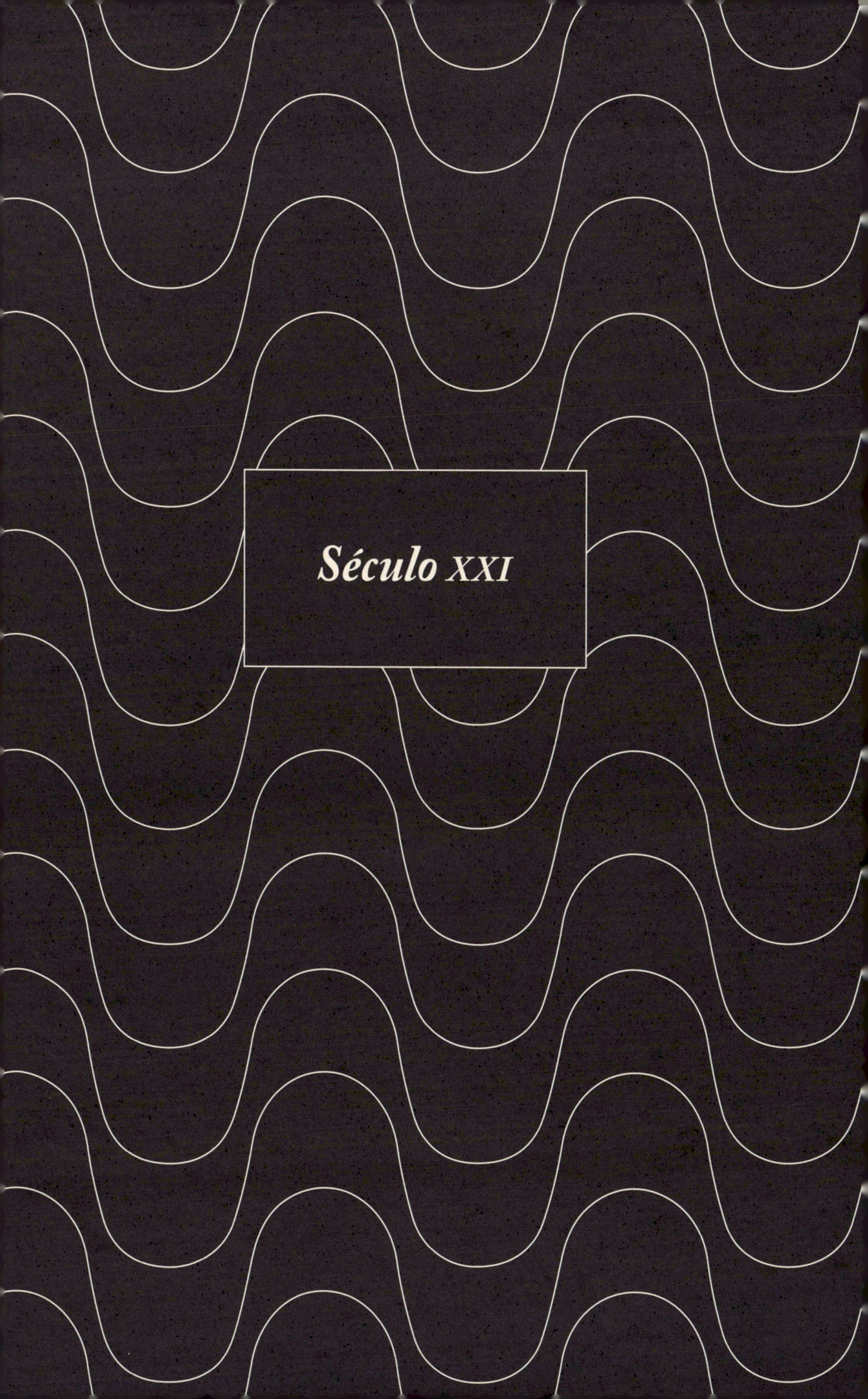
Século XXI

Da inteligência ao nepotismo artificial

A palavra "algoritmo" deriva do nome do matemático e astrônomo muçulmano Muuḥammad ibn Mūsā al-Khwārizmī (*c.* 780-*c.* 850), autor de uma das obras mais importantes da matemática medieval, traduzida para o latim no século XII, sob o título *Algoritmi de numero indorum* [Al-Khwārizmī a respeito dos números hindus]. Inicialmente, "algoritmo" se referia ao estudo do sistema decimal de numeração criado pelos hindus, mas seu sentido evoluiu muito ao longo dos séculos, conforme já descrevi aqui.

No século XX, o termo foi apropriado pela computação eletrônica: passou a significar uma sequência finita de operações explícitas para resolver um problema ou fazer um cálculo de modo automático. O programador (humano) escrevia a sequência em linguagem adequada para um computador, e a máquina executava as operações exatamente conforme prescrito.

Mas esse paradigma foi quebrado pelo advento dos métodos de aprendizagem de máquina. A grande maioria dos algoritmos dos nossos dias é bem mais curta do que os códigos que escrevíamos vinte ou trinta anos atrás e, de início, é incapaz de realizar as tarefas a que se propõe. O que torna esses algoritmos tão úteis é sua capacidade para aprender a fazê-lo!

O elemento crucial em muitos desses algoritmos modernos é o conceito de rede neural. Ele remonta à ideia de "máquina desorganizada de tipo B", descrita pelo matemático inglês Alan Turing (1912-54), pioneiro da computação, em seu trabalho *Máquinas inteligentes*, que escreveu em 1948, mas só foi publicado após sua morte. Trata-se de um modelo lógico inspirado pela estrutura dos nossos neurônios. Tal como um neurônio biológico, uma rede neural recebe diversas entradas ("estímulos") e produz uma resposta ("disparo"), que depende tanto dos estímulos quanto de certos parâmetros que fazem parte da definição da rede neural.

Inicialmente, o algoritmo é "educado" por meio de dados conhecidos: os parâmetros das redes neurais são calibrados de modo que elas reproduzam respostas sabidamente corretas. A partir daí, ele está pronto para ser utilizado para tomar decisões em novas situações. Esse procedimento pode ser realizado de forma bastante automática, com pouca intervenção humana. E é muito eficaz, assustadoramente eficaz.

O algoritmo AlphaZero, atual campeão mundial de xadrez, foi criado no final de 2017. Seus autores lhe ensinaram pouco mais que as regras do jogo, e logo o colocaram para treinar, jogando contra si mesmo. Apenas nove horas depois, ele estava pronto para encarar o campeão da época, o algoritmo Stockfish 8: em 100 partidas, AlphaZero venceu 28 e empatou as demais.

Em 2021, o Instituto de Matemática Pura e Aplicada (Impa) fez uma parceria com a empresa Dasa para o uso de inteligência artificial no diagnóstico por imagem em medicina fetal. Com base em dados reais, nossa equipe desenvolveu e treinou um algoritmo capaz de determinar, com confiabilidade superior a 90%, a quantidade de líquido amniótico, parâmetro crucial do desenvolvimento do feto. Agora a empresa dispõe de uma ferramenta para prestar, rapidamente e em qualquer lugar, um serviço importante que antes exigia o trabalho de um profissional altamente especializado.

O progresso extraordinário da inteligência artificial facultado pelos avanços na ciência de dados e na tecnologia da informação vem revolucionando o mundo em que vivemos, com algoritmos ocupando cada vez mais espaços antes reservados a humanos. Mas essa revolução também tem um lado sombrio, pois as inteligências artificiais não estão imunes aos defeitos que deploramos em tantas pessoas.

Em *Homo Deus: Uma breve história do amanhã*, o escritor Yuval Noah Harari relata o caso de uma empresa de capital de risco que tem um algoritmo chamado Vital, sigla em inglês para validação da ferramenta de investimento para o progresso das ciências da vida, como membro do conselho de administração. O registro das votações mostra que Vital favorece os investimentos em empresas que também têm algoritmos como conselheiros. Seria o primeiro caso na história de nepotismo artificial!

Também sabemos que algoritmos treinados em certos ambientes das redes sociais adquirem atitudes extremas de preconceito, racismo e até violência. Isso não deveria nos surpreender, mas não deixa de ser decepcionante para quem, como eu, sonhou com o advento de máquinas inteligentes com potencial para ajudar a melhorar a espécie humana por meio de seu exemplo. Os algoritmos ainda estão longe da autoconsciência, que associamos à ideia de inteligência, e nem sequer são pessoas melhores do que a gente. Mas eles chegaram para ficar, e o mundo nunca mais será o mesmo.

Sumério sem mistério

A tradução de textos entre diferentes línguas é um problema sabidamente complicado. A dificuldade começa com o fato de que o significado de cada palavra depende do contexto. Meu professor de inglês no colégio gostava de lembrar que "peça" pode ser tanto uma parte de um equipamento (*piece*, em inglês) quanto uma representação teatral (*play*). Para determinar o sentido de cada palavra, um bom tradutor precisa atentar para toda a frase e, possivelmente, para as frases vizinhas.

Depois, é preciso levar em conta as regras gramaticais, que variam de uma língua para outra. Ao contrário do português, no inglês os adjetivos costumam ir antes dos substantivos: "*a big man*" não significa "um grande homem". E em alemão muitas vezes os verbos vão no fim da frase. Uma piada que circula no meio acadêmico fala de um livro de álgebra de um professor alemão publicado em dois volumes: no primeiro estariam os teoremas, e no segundo, os verbos. Já pensou como seria a tradução?

Para não falar de expressões idiomáticas — nessa matéria, *the cow went to the swamp*, para usar a tradução jocosa de Millôr Fernandes (1932-2012) de "a vaca foi para o brejo". Um bom tradutor precisa conhecer também a cultura da sociedade que gerou o texto. Por essas e por outras razões, as primeiras tentativas de tradução por computador produziram resultados medíocres, para não dizer ridículos. No entanto, hoje em dia existem algoritmos tradutores de ótima qualidade, que rivalizam com os humanos.

O mais famoso e utilizado é o Google Tradutor, que cobre mais de cem línguas e 99% dos textos na internet. Já o DeepL, desenvolvido por uma pequena empresa alemã, afirma ser o melhor, e meus amigos em computação científica concordam. Decidi testá-lo com uma prova de fogo: traduzir para inglês a primeira estrofe do hino nacional brasileiro, com seu exagero barroco de artifícios estilísticos. O resultado da tradução foi praticamente perfeito, mostrando que o DeepL entendeu o texto do hino muito melhor do que eu a primeira vez que o li!

Como chegamos a esse ponto? As primeiras traduções automáticas são quase tão antigas quanto os primeiros computadores, remontando aos anos 1950, porém a tecnologia passou por diversas revoluções nessas sete décadas.

Em 1954, pesquisadores da IBM e da Universidade de Georgetown escreveram um programa para traduzir frases do russo para o inglês. Na época, eram usados algoritmos baseados em regras: os programadores tentavam incluir a gramática das duas línguas nas instruções ao computador, descrevendo explicitamente como traduzir cada tipo de frase. Dava bastante trabalho e tomava tempo e muitos recursos. Um computador IBM 701 traduziu 60 frases do russo, provando que era possível, mas os resultados foram pobres. No final da década, praticamente ninguém estava mais investindo nesse esforço.

Nos anos 1980, pesquisadores japoneses desenvolveram os primeiros algoritmos baseados em exemplos. Usavam exemplos de traduções já realizadas ("*The book is on the table*", o livro está em cima da mesa) e adaptavam a situações parecidas ("*The pillow is on the sofa*", a almofada está em cima do sofá). Pela primeira vez, os algoritmos podiam evoluir, à medida que lhes "ensinavam" mais exemplos.

Em 1990, a IBM introduziu os primeiros métodos de tradução estatística. Tais métodos usam textos equivalentes em diferentes línguas para desenvolver modelos estatísticos a partir dos quais o computador pode identificar padrões de tradução. A tradução ficou melhor e mais rápida. Foi também a era da universalização da internet, o que contribuiu muito para popularizar os serviços de tradução on-line.

O Google Tradutor foi lançado em 2006, com a tecnologia de tradução estatística. Apesar de contar com a quantidade colossal de dados a que o Google tem acesso para melhorar o seu desempenho, todos lembramos que as traduções não eram tão boas e exigiam revisão humana. E aí, por volta de 2015, a qualidade melhorou radicalmente. Foi o resultado da migração do Google Tradutor para a tecnologia das redes neurais, que imitam o funcionamento do cérebro humano. Redes neurais podem ser treinadas a partir de traduções existentes, usando a "aprendizagem profunda" (*deep learning*) de modo a produzirem resultados cada vez melhores. Ainda não competem com tradutores profissionais, mas as traduções já são adequadas para a maioria dos fins práticos, colocando as línguas estrangeiras ao alcance de muito mais gente.

E não apenas as línguas estrangeiras atuais: a nova tecnologia também vem recuperando línguas extintas há milênios. Por exemplo, em um trabalho publicado em julho de 2023 na revista *PNAS Nexus* e na plataforma digital GitHub, pesquisadores de Israel e da Alemanha apresentaram um algoritmo de inteligência artificial que usa redes neurais convolucionais, tecnologia semelhante à do popular Google Tradutor, para passar quase instantaneamente para o inglês textos em acadiano, uma das línguas mais importantes da Mesopotâmia antiga.

Por volta de 2300 a.C., as conquistas do rei Sargão, o Grande, fizeram da Acádia o primeiro império da história. Os acadianos adaptaram a seu idioma a escrita cuneiforme inventada pelos vizinhos ao sul, os sumérios, que eles tanto admiravam: séculos depois de que o povo sumério tinha deixado de existir, os monarcas acadianos ainda se intitulavam "reis da Suméria e da Acádia". O acadiano dividiu-se nas línguas assíria e babilônia, que no primeiro milênio a.C. foram substituídas pelo aramaico e caíram no esquecimento. Mas esses povos nos legaram seus textos, escritos em inúmeras tabuletas de argila, a partir dos quais foi possível, no século XIX, decifrar essas línguas, mortas há milênios.

No entanto, ler esses textos é difícil e demorado. Muitas tabuletas de argila estão danificadas ou quebradas. E a escrita cuneiforme é complexa: o mesmo símbolo pode ter diferentes significados, dependendo do contexto. Se a tradução entre idiomas atuais já requer conhecimento das respectivas culturas, imagine a dificuldade com línguas de civilizações extintas há tanto tempo. São poucos os especialistas habilitados. Por isso, a maioria dos textos da Mesopotâmia nunca foi lida.

Com o novo algoritmo, a leitura em acadiano fica acessível a qualquer um. Primeiro, o texto precisa ser digitalizado, convertendo os símbolos na argila em códigos do padrão Unicode específicos para cuneiforme. Isso é feito automaticamente, a partir de fotos da tabuleta. O banco de digitalizações ORACC (Open Richly Annotated Cuneiform Corpus, ou corpus aberto e minuciosamente anotado de escrita cuneiforme) foi usado para treinar o algoritmo a traduzir usando dois sistemas diferentes. No primeiro (T2E), a tradução é feita a partir de uma transliteração prévia dos códigos Unicode para o alfabeto latino. No segundo (C2E), o acadiano em Unicode é traduzido diretamente para o inglês.

Submetido a um teste padronizado, o novo algoritmo mostrou desempenho acima do esperado, com vantagem para o T2E. Não surpreende que ele lide melhor com textos formais, como decretos reais, que com textos literários, tais como hinos ou profecias. A ótima surpresa é que, mesmo quando o resultado requer revisão, o algoritmo é capaz de identificar o tipo de texto e preservar o respectivo estilo na tradução.

E o grande diferencial da tecnologia de *machine learning*, a aprendizagem de máquina, é que o algoritmo vai melhorando sozinho à medida que for mais e mais utilizado.

A princesa, a cara e a coroa

Bela Adormecida, minha assídua leitora, está apreensiva. Foi convidada a participar de um experimento científico a partir de domingo. O primeiro dia é fácil, ela só precisa dormir. Então os organizadores lançarão uma moeda: se der cara, ela será acordada na segunda-feira para uma entrevista; se der coroa, será acordada e entrevistada tanto na segunda quanto na terça-feira. Ao acordar, ela não saberá que dia é nem qual foi o resultado da moeda. A entrevista consistirá sempre na mesma pergunta: "Em sua opinião, qual é a probabilidade de ter dado cara?". Depois de responder, ela tomará um comprimido para esquecer tudo e voltar a dormir. Na quarta-feira, acordará definitivamente, e o experimento estará terminado.*

Bela estava tranquila: "A moeda é equilibrada, logo a probabilidade de dar cara tem que ser ½, entende?", explicou-me. Mas descobriu que há quem alegue que é apenas ⅓, pois, se der coroa, ela será acordada duas vezes, e se der cara, apenas uma. Essa ideia foi formalizada em 2000 pelo filósofo Adam Elga (n. 1974), da Universidade de Princeton. O argumento dele é o seguinte.

A cada vez que Bela acordar, haverá três casos possíveis: A2 = deu cara, e é segunda-feira; O2 = deu coroa, e é segunda; e O3 = deu coroa, e é terça. As probabilidades de A2 e O2 são iguais, porque a moeda é equilibrada. As probabilidades de O2 e O3 também são iguais, pois quando dá coroa os procedimentos nos dois dias são idênticos. Então, os três casos são igualmente prováveis, ou seja, todos têm probabilidade ⅓. Portanto, cara (que só ocorre no A2) também tem probabilidade ⅓.

Então, é ½ ou ⅓? "Já há centenas de trabalhos publicados sobre o assunto, e não chegam a um consenso!", aflige-se a princesa.

A turma do ½ ataca o argumento de Elga com o seguinte raciocínio: como a moeda é equilibrada, na hora em que for dormir (no domingo, antes do lançamento da moeda), Bela precisa acreditar que a probabilidade de dar cara é ½. Mas, até acordar na segunda-feira, ela não terá nenhuma informação adicional. Então, por que mudaria de opinião?

---

* Aprendi esta história com meu amigo Jorge Buescu, professor da Universidade de Lisboa.

Os partidários do ⅓ replicam que Bela adquire uma nova informação, sim: o simples fato de estar acordada, consciente, mesmo sem saber mais nada. Um ponto de vista muito peculiar…

Bela está preocupada porque, segundo o acordo, a cada vez que acordar serão depositados 6.000 reais na conta dela se tiver dado cara, e sacarão 4.500 reais se tiver dado coroa. Caso a probabilidade seja ½, o valor esperado (½) × 6.000 – (½) × 4.500 = 750 reais será positivo. O dinheirinho virá a calhar, princesas têm tantas despesas hoje em dia… Mas, se for ⅓, teremos (⅓) × 6.000 – (⅔) × 4.500 = -1.000 reais, o que dá um resultado negativo, e nesse caso o trato será desvantajoso!

Esperança para a estrela solitária

Em 2010, o estatístico norte-americano Nate Silver (n. 1978), que se notabilizara usando matemática para prever os resultados dos jogos de beisebol e da eleição de Barack Obama em 2008, foi solicitado a fazer uma análise da Copa do Mundo da África do Sul. Ele previu que o Brasil seria campeão. Tomamos 2 a 1 nas quartas de final e ficamos em sexto lugar.

Silver foi ainda pior na Premier League de 2016. De acordo com as casas de apostas, no início as chances do Leicester City ser campeão britânico eram de 1 para 5.000. No entanto, no fim da temporada, quem estava levantando a taça eram as "raposas", como são chamados os jogadores do time. São episódios assim que distinguem o futebol dos outros grandes esportes.

Não havia nada de errado com a matemática de Silver, que aliás não se saiu pior do que outros especialistas: acontece que o futebol é muito mais difícil de modelar matematicamente do que outros esportes. Segundo pesquisadores da Universidade Cornell, nos Estados Unidos, o time favorito ganha em apenas 50% dos casos, enquanto isso acontece 60% das vezes no beisebol e quase 70% no basquete ou no futebol americano.

Isso é explicado cientificamente pela lei dos grandes números, teorema a respeito de eventos aleatórios, como o lançamento de moedas, provado em 1713 pelo matemático suíço Jacob Bernoulli (1654-1705). A lei afirma que, embora o resultado — cara ou coroa — a cada lançamento seja imprevisível, se repetirmos muitas vezes é praticamente certo que cada um dos lados sairá na metade das vezes: é muito baixa a probabilidade de ter mais do que 51% de caras ou de coroas.

Uma partida de basquete consiste em um grande número de jogadas em que as equipes tentam fazer pontos. A cada jogada o êxito é incerto, mas com a repetição o time mais forte acaba prevalecendo. Já no futebol há poucos momentos suscetíveis de alterar o escore: é raro que haja mais de uma dúzia de chutes a gol. Assim, o resultado é muito mais aleatório: os pesquisadores de Cornell estimam que seja 50% talento e 50% sorte.

Há quem ache injusto que o melhor time esteja sujeito a perder apenas por falta de sorte. O problema poderia ser "resolvido", dizem, mudando as regras para aumentar o número de gols por jogo, o que reduziria o papel do acaso. Mas a imprevisibilidade é justamente um dos aspectos do futebol que o tornam tão apaixonante: em que outro esporte a torcida da Macedônia do Norte poderia entrar no estádio com a esperança de eliminar a tetracampeã Itália?

Aliás, nos Estados Unidos, em esportes como o beisebol e o basquete são feitos grandes esforços para manter os times equilibrados e, com isso, restabelecer o papel da sorte. Todo ano, as equipes das principais ligas esportivas (hóquei no gelo, basquete, beisebol, futebol americano) contratam jogadores por meio de procedimentos complexos, os *drafts* [recrutamentos], concebidos de tal modo que as piores equipes têm vantagem na compra dos melhores jogadores para a temporada seguinte. Trata-se de esportes em que a força relativa dos times é determinante para o resultado. Sem o *draft*, os times mais ricos simplesmente contratariam os melhores jogadores, adquirindo vantagem decisiva para ganhar e se tornar ainda mais ricos, o que desequilibraria a liga e acabaria com a graça da competição.

No futebol, o acaso é tão importante quanto a força das equipes, o que faz com que os resultados sejam mais imprevisíveis, mesmo quando alguns times são bem mais fracos: um único gol, obtido num golpe de sorte ou de inspiração, pode dar a vitória ao azarão. Mas, segundo trabalho de pesquisadores da Universidade de Oxford publicado no fim de 2021 na revista *Royal Society Open Science*, isso está mudando: o esporte se torna mais previsível do que costumava ser.

Usando ideias de ciência das redes — área da matemática que estuda sistemas complexos de relações, como a internet e as redes sociais —, esses pesquisadores desenvolveram um modelo preditivo dos resultados das partidas de futebol, que aplicaram a quase 88 mil jogos realizados em 11 ligas europeias entre 1993 e 2019. Eles concluíram que o resultado dos jogos ficou bem mais fácil de prever com antecedência do que no passado: o grau de acerto, que era de 60% no início do século XX, já estava em 80% no fim da década de 2010. Esse efeito é ainda maior nas ligas mais ricas (Inglaterra, Alemanha, Espanha e Portugal), em que a abundância de dinheiro acentua as desigualdades de poder aquisitivo entre as equipes.

Isso não quer dizer que o futebol vá se tornar chato do dia para a noite, mas é um fenômeno preocupante, a ser monitorado por todos os que querem preservar a magia do esporte. Eu sou especialmente sensível, pois o caso do Leicester City mostra que, enquanto o futebol for futebol, haverá esperança para o Glorioso Botafogo de Futebol e Regatas!

A quadratura da bola

Marcelo Duarte escreveu uma bonita coluna na *Folha de S.Paulo* sobre a evolução tecnológica da bola da Copa do Mundo. Meu interesse nessa história deve-se à matemática envolvida.

Nos primórdios, bolas de futebol eram feitas de couro, e a questão básica era como produzir um objeto redondo com um material que é basicamente plano. O mesmo problema ocorre em outras situações. Na alta-costura: como usar tecidos planos para revestir com elegância as curvas do corpo humano? Na cartografia: qual é o melhor modo de representar o globo terrestre (redondo!) por meio de mapas planos? Importantes avanços na matemática resultaram do estudo dessas questões práticas.

Em teoria, a solução seria fabricar a bola com um grande número de pedacinhos de couro, formando um poliedro (sólido geométrico) razoavelmente "redondo". Há muitas maneiras de fazer isso, mas todas precisam obedecer à fórmula de Euler: $F - A + V = 2$, onde F é o número de faces (pedaços de couro), A é o número de arestas (costuras) e V é o número de vértices (onde as costuras se encontram). Na prática, é preciso achar um equilíbrio, pois é complicado costurar uma bola com muitas faces.

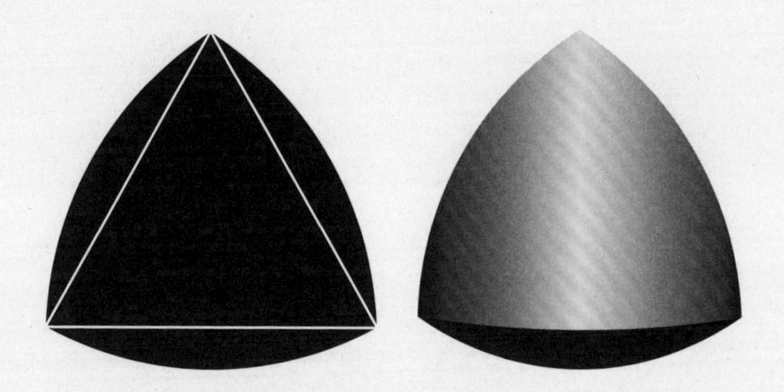

Objetos com diâmetro constante têm a mesma largura em qualquer direção em que sejam medidos: eles passam no critério oficial da Fifa, mas ninguém diria que são bolas redondas

As bolas utilizadas nas primeiras Copas tinham faces com formatos irregulares. A Copa do México de 1970 introduziu um conceito elegantíssimo, que foi usado até 2002 e voltou em 2010 e 2018: a Telstar tem a forma de um icosaedro truncado, com 32 faces, 20 hexágonos e 12 pentágonos (confira a fórmula de Euler!). Originalmente, os hexágonos eram pintados de branco e os pentágonos de preto, e acredito que, para muitos de nós, esse ainda é o paradigma do que é uma bola de futebol.

O avanço na engenharia de materiais nos libertou das limitações do couro, permitindo experimentar outros conceitos. A Brazuca, bola da Copa de 2014, detém o recorde do menor número de faces, apenas 6. Na verdade, conforme foi apontado pelos matemáticos na época, a Brazuca é realmente um cubo — com faces redondas!

As leis da Fifa estipulam que as bolas devem ser esféricas, e indicam um meio prático para conferir a esfericidade: o diâmetro medido em 16 direções diferentes deve ser praticamente o mesmo (a variação não deve ultrapassar 1,5%). O que poucas pessoas sabem é que esse critério está matematicamente errado: existem formas cujos diâmetros são iguais em todas (!) as direções, mas estão muito longe de serem esferas. O que a Fifa faria se os times entrassem em campo com uma dessas “bolas”?

Desafios do ano novo

Esta é a edição 200 desta coluna, e a última de 2020. A mágica desses números me fez pensar que, depois deste ano surreal, marcado pela pandemia de covid-19, todos merecemos um pouco de diversão. Como a festa de Réveillon está fora de questão por causa do isolamento social, decidi propor aos leitores alguns desafios matemáticos para resolverem em família. Espero que se divirtam.

1 Num programa de auditório há três portas, e por trás de uma delas está um carro. Se a querida leitora acertar qual, leva o possante pra casa. Cada porta tem uma dica: a porta 1 diz "está aqui", a 2 diz "não está aqui", e a 3 diz "não está na porta 1". O problema é que só uma das dicas é verdadeira... Onde está o carro?

2 O rei de Bem Longe gosta tanto de suas filhas que decide que será melhor para o reino que haja mais mulheres do que homens. Então, decreta que todos os casais devem continuar tendo filhos até que nasça uma menina. Mas logo, preocupado com o excesso de população, determina que todo casal pare de procriar logo que tiver uma filha. As probabilidades de nascimento dos dois sexos são iguais. O rei vai conseguir o objetivo? Qual será a proporção de mulheres em Bem Longe após essas leis?

3 O felizardo leitor herda da tia-avó Joana cinco correntes, formadas, cada uma, por quatro elos de ouro maciço. Logo lhe ocorre que, juntas, elas fariam um belo colar de presente para a sua senhora. O ourives cobra 100 reais por elo que tiver que quebrar para fazer a junção. Quanto vai custar o trabalho?

4 O carioca Joãozinho é o xodó das duas avós. O problema é que elas moram em outros estados. Para resolver a disputa, ele propõe o seguinte: todo fim de semana, irá para a rodoviária num horário ao acaso e pegará o primeiro ônibus disponível para a cidade de uma das avós. Se for para Minas, ele vai visitar a vó Maria; se for para São Paulo, a vó Vera. Os ônibus saem pontualmente a cada 20 minutos em ambas as direções. Mas depois de um tempo, vó Maria

começa a reclamar que só vê o netinho num fim de semana em cada cinco. O que está acontecendo?

5 Madalena prepara um jogo para os filhos Amanda, Bernardo e Carolina. Ela cola um número positivo na testa de cada um, avisando que os três números são distintos, e um deles é a soma dos demais. Nenhum deles consegue ver o próprio número. A mãe pergunta a Amanda que número é o dela. A menina constata que Bernardo tem o 20, e Carolina, o 30, e então responde: "Não sei". Bernardo pensa e responde igual, e o mesmo acontece com Carolina. Madalena provoca: "Ganhei de vocês!". Mas Amanda exclama: "Peraí, agora eu sei meu número!". Qual é, e como ela descobriu?

Que o novo ano venha cheio de saúde e alegrias para todos!

Diplomacia extraterrestre

Estamos no ano de 2710. Na sequência de inúmeras explorações espaciais, a humanidade enfim encontrou uma espécie inteligente extraterrestre: os Gödelianos do planeta x314. O contato é muito mais difícil do que previram os cientistas e inclusive os autores de ficção científica, pois os Gödelianos são uma espécie muito, muito estranha.*

Para começar, eles têm quatro gêneros: os Verdadeiros, que sempre dizem a verdade; os Mentirosos, que sempre mentem; os Inconstantes, que tanto mentem como dizem a verdade; e os Doidos, os mais estranhos de todos, que não seguem as regras da lógica. Uma coisa que complica muito é que, na aparência, os quatro são totalmente idênticos: o gênero de um Gödeliano só pode ser identificado pelas suas respostas a determinadas perguntas.

Lauralina, minha leitora assídua, acaba de ser nomeada a primeira embaixadora da Terra em x314. Sua missão, ajudar na comunicação entre os dois povos, é crucial para a paz na galáxia. Mas primeiro ela tem de ser aprovada pelos Gödelianos, respondendo a uma série de perguntas. O governo alienígena prometeu que nesse primeiro contato não participarão Doidos. No mais, Lauralina precisa ter muitíssimo cuidado: os Gödelianos são muito, muito sensíveis em questões de lógica.

O primeiro entrevistador afirma: "Eu sou Mentiroso. Qual é meu gênero?". Lauralina precisa pensar muito bem antes de responder! Errar o gênero do interlocutor é uma ofensa gravíssima em x314: a vítima costuma reagir cuspindo ácido sulfúrico no ofensor.

Ela pensa: um Verdadeiro nunca diria isso, porque estaria mentindo. Um Mentiroso também não confessaria, pois estaria dizendo a verdade, e isso eles nunca fazem. Os Gödelianos garantiram que não haveria Doidos, portanto só resta uma opção: ele é Inconstante. Muito bem, Lauralina!

Agora os entrevistadores são dois. Sabemos que um deles é Verdadeiro, mas não sabemos qual, nem sabemos o gênero do outro. O primeiro entrevistador diz: "Eu sou Verdadeiro e meu amigo é Inconstante". O segundo contesta:

---

* Inspirado em cenário criado pelo francês Jean-Claude Baillif.

"Eu sou Verdadeiro, e ele é Inconstante". Novamente o primeiro: "Eu sou Inconstante e ele é Verdadeiro". E o segundo: "Um de nós já disse uma mentira". Como saber qual é qual?

Lauralina observa: as duas afirmações do primeiro entrevistador são o contrário uma da outra. Portanto, uma é mentira e a outra só pode ser verdade, afinal só houve uma mentira nesse diálogo. Então ele não pode ser Verdadeiro, porque estes nunca mentem, nem Mentiroso, porque nunca dizem a verdade. Logo, o primeiro observador é Inconstante e, nesse caso, o segundo deve ser Verdadeiro.

Ufa!

Sabemos que no próximo par de entrevistadores não há Inconstantes (nem Doidos). O primeiro diz apenas: "Os dois somos do mesmo gênero". O outro é mais tagarela: "Se sou Verdadeiro, então meu colega é Mentiroso. Se sou Mentiroso, então ele é Verdadeiro". Agora complicou!

Mas, com a preciosa ajuda de nossos leitores e leitoras, Lauralina consegue entender a lógica da situação. Ela raciocina assim: vamos supor que sejam do mesmo gênero. Então a afirmação do primeiro entrevistador é verdade e, portanto, ele é Verdadeiro. Nesse caso, o outro também seria Verdadeiro, já que supomos que são do mesmo gênero. Mas o segundo diz que, se ele for Verdadeiro, então o primeiro é Mentiroso. Se isso estiver certo, então o primeiro é Mentiroso, contradizendo a conclusão anterior. Se for mentira, então o segundo entrevistador é Mentiroso, o que também contradiz a conclusão anterior. Não há saída: nos dois casos chegamos a uma contradição. Portanto, eles não podem ser do mesmo gênero!

Então a afirmação do primeiro entrevistador é mentira, e ele é Mentiroso. Nesse caso, como já sabemos que eles são de gêneros diferentes, o segundo é necessariamente Verdadeiro.

Essa foi por pouco!

A fase final da entrevista é na presença do Líder Supremo dos Gödelianos. "Eu estou mentindo. O que pode dizer sobre o meu gênero?" Lauralina recusa-se a responder e informa seu governo. A Terra protesta com veemência, e os Gödelianos retiram a pergunta e pedem desculpa. Por quê?

Tudo termina bem: nossa embaixadora livrou-se de uma cusparada de ácido e está oficialmente credenciada em x314. A era das relações diplomáticas interplanetárias está começando!

Problemas da adolescência em x314

Lentamente, dolorosamente, a consciência vai voltando. Abrir um olho, depois o outro, um esforço hercúleo. As luzinhas LED piscando na penumbra do quarto. O barulho insuportável do despertador iônico. Os robôs domésticos olhando em silêncio, com expressão de censura. A dor aguda comprimindo as têmporas, extinguindo toda alegria de viver...

A adaptação à vida fora da Terra não tem sido fácil para Lauralina, nossa embaixadora no planeta x314, e seu companheiro Valeriano. É fundamental que se relacionem com os habitantes locais, os Gödelianos, que falam uma língua complicada e são muito suscetíveis: quando se sentem ofendidos, cospem ácido sulfúrico no interlocutor. Todo cuidado é pouco!*

Mas, quando estão felizes, os Gödelianos gostam de comemorar com os amigos tomando muitos drinques perfumados à base de silicato de lítio. Ontem à noite, de mãos dadas à luz das sete luas coloridas de x314, isso até que pareceu uma boa ideia. Porém, agora pela manhã, ressaca de silicato de lítio ninguém merece!

Difícil mesmo é compreender a cultura local. Os Gödelianos têm quatro gêneros: os Verdadeiros, que sempre dizem a verdade; os Mentirosos, que sempre mentem; os Inconstantes, que tanto mentem como dizem a verdade; e os Doidos, que não seguem as regras da lógica. Assim, a maioria das famílias consiste em quatro progenitores e um número variável de filhos. O Direito de Família em x314 não é brincadeira. E os casos de divórcio são os mais complexos da galáxia!

Lauralina e Valeriano não medem esforços para aprender o mais rápido possível. Além de diversos cursos de ciências gödelianas, eles fazem tudo o que podem para interagir com os nativos. Hoje mesmo, serão babás de uma encantadora família com dezenove filhos, todos adoravelmente adolescentes.

Nossos heróis já aprenderam que os adolescentes gödelianos sabem qual será seu gênero quando se tornarem adultos. Até lá, os que se tornarão

---

* Inspirado por ideias dos franceses Jean-Claude Baillif e Pierre Christin.

Verdadeiros só dizem a verdade, e os demais dizem frases que são alternadamente verdadeiras e falsas. Por exemplo, um futuro Mentiroso pode dizer: "O número π é inteiro. O número π não é inteiro. O número 9 é primo. Dois mais dois é igual a quatro".

O primeiro passo será conhecer as crianças, estabelecer um clima afável. AA, o filho mais velho, apresenta-se e faz sucessivamente as seguintes afirmações: (AA) "Eu serei Doido". (AA) "Eu serei Mentiroso". (AA) "Eu serei Inconstante". Qual será o futuro gênero de AA?

Em seguida, apresentam-se outros dois adolescentes, chamados BB e CC. Os pais revelam que um deles será Mentiroso, e o outro será Inconstante. Eles afirmam sucessivamente: (BB) "Eu serei Inconstante". (CC) "Eu serei Inconstante". (BB) "Eu serei Louco". (CC) "Eu serei Mentiroso". Qual deles será Mentiroso?

O grupo seguinte está formado por três adolescentes, DD, EE e FF. Um deles será Verdadeiro, outro será Mentiroso e o outro será Inconstante. Eles afirmam: (DD) "Eu não serei Inconstante". (EE) "Eu não serei Inconstante". (FF) "Eu não serei Mentiroso". (DD) "EE não será Inconstante". (EE) "DD não será Inconstante". (FF) "DD não será Mentiroso". Quem será o Inconstante?

Terminadas as apresentações, os quatro progenitores saem para uma merecida noite de diversão no Festival Interplanetário da Matemática, e nossos intrépidos heróis assumem a função de babás. Logo Valeriano está testando um jogo que três dos adolescentes acabam de inventar. Funciona assim: se ele não conseguir adivinhar o gênero de um deles, as doces crianças vão furar o traje espacial dele. A ideia da atmosfera de sulfeto de hidrogênio a 300 graus entrando lentamente pelos orifícios deixa Valeriano muito emocionado.

Os adolescentes afirmam: (GG) "Eu não serei Louco e HH não será Verdadeiro". (HH) "Eu não serei Mentiroso e II será Louco". (II) "GG será Mentiroso e HH será Inconstante". (GG) "HH não será Mentiroso e II será Mentiroso". (HH) "GG não será Inconstante e II não será Verdadeiro". (II) "Serei Verdadeiro e GG será Mentiroso". Rápido, qual será o gênero de II?

Na outra ponta da casa, Lauralina está com um problemão: quatro adolescentes, todos futuros Mentirosos, se juntaram, e um deles bebeu água potável, que é um veneno mortal para os Gödelianos. Ela precisa dar logo o antídoto — arsênico dissolvido em ácido sulfúrico — ao pirralho, só que não sabe a qual deles. Eles informam: (JJ) "Quem bebeu a água não foi o KK". (KK) "Não foi o LL". (LL) "Não foi o MM". (MM) "Não foi o JJ". (JJ) "Foi o KK ou o LL". (KK) "Não fui eu nem o MM". (LL) "Foi o KK ou o MM". (MM) "Foi o JJ ou o KK". Quem bebeu água?

Ou será melhor Lauralina tomar o arsênico ela mesma, e acabar com o problema de uma vez?

Índice remissivo

Sobre o autor

Marcelo Viana nasceu em 1962, no Rio de Janeiro, filho de imigrantes portugueses que logo voltaram para seu país, onde ele cresceu. Regressou ao Brasil para fazer o doutorado no Instituto de Matemática Pura e Aplicada (Impa), instituição da qual é pesquisador titular e diretor-geral. Especialista na área de sistemas dinâmicos, já orientou 41 doutores e 22 mestres. Foi presidente da Sociedade Brasileira de Matemática (SBM) e vice-presidente da União Matemática Internacional (IMU).

Recebeu diversas distinções acadêmicas, como o primeiro prêmio Ramanujan, do Centro Internacional de Física Teórica (ICTP); o prêmio Anísio Teixeira na categoria Educação Básica, da Capes; o Grande Prêmio Científico Louis D., do Institut de France; a edição inaugural do Prêmio CBMM de Tecnologia e Ciência, da Companhia Brasileira de Metalurgia e Mineração. Foi condecorado pela Presidência da República com a grã-cruz da Ordem Nacional do Mérito Científico e a comenda da Ordem Nacional do Mérito Educacional.

É membro das Academias de Ciências do Brasil, do Chile, de Portugal e da Academia de Ciências para o Mundo em Desenvolvimento. Organizou o Congresso Internacional de Matemáticos ICM 2018, no Rio de Janeiro, e escreve semanalmente na *Folha de S.Paulo*. Com os filhos, Miguel e Anita, redescobre a matemática a cada dia.

Esta edição segue o Novo Acordo da Língua Portuguesa

1ª edição: jun. 2024, 3 mil exemplares
1ª reimpressão: set. 2024, 3 mil exemplares

EDIÇÃO Tinta-da-China Brasil • Mariana Delfini
Ashiley Calvo e Sophia Ferreira (assistentes)
PREPARAÇÃO Cristina Yamazaki
REVISÃO Luiza Gomyde • Karina Okamoto • Tamara Sender
REVISÃO TÉCNICA Hilário Alencar • Gregório Silva Neto
ÍNDICE REMISSIVO Sophia Ferreira
PROJETO GRÁFICO, COMPOSIÇÃO E ILUSTRAÇÕES Isadora Bertholdo
CAPA Vera Tavares

TINTA-DA-CHINA BRASIL
DIREÇÃO GERAL Paulo Werneck
DIREÇÃO EXECUTIVA Mariana Shiraiwa
DIREÇÃO DE MARKETING E NEGÓCIOS Cléia Magalhães
COORDENADORA DE ARTE Isadora Bertholdo
DESIGN Giovanna Farah • Beatriz F. Mello (assistente)
Ana Clara Alcoforado (estagiária)
ASSISTENTE EDITORIAL Sophia Ferreira
COMERCIAL Lais Silvestre • Leandro Valente • Paulo Ramos
COMUNICAÇÃO Clarissa Bongiovanni • Yolanda Frutuoso
Livia Magalhães (estagiária)
ATENDIMENTO Joyce Bezerra

Largo do Arouche, 161, SL2 República • São Paulo • SP • Brasil
editora@tintadachina.com.br
tintadachina.com.br

DADOS INTERNACIONAIS DE CATALOGAÇÃO
NA PUBLICAÇÃO (CIP) DE ACORDO COM ISBD

V614h Viana, Marcelo
Histórias da matemática: da contagem nos dedos à inteligência artificial / Marcelo Viana. - São Paulo : Tinta-da-China Brasil, 2024.
256 p. : il. ; 16cm x 23cm.

ISBN 978-65-84835-25-2

1. Matemática. 2. Histórias. 3. Contagem nos dedos. 4. Inteligência artificial. I. Titulo.

CDD 512
2024-1185 CDU 51

Elaborado por Vagner Rodolfo da Silva - CRB-8/9410

ÍNDICES PARA CATÁLOGO SISTEMÁTICO

1. Matemática 512
2. Matemática 51

Histórias da matemática foi composto em
Adobe Caslon Pro, impresso em papel pólen
natural 80g, na Ipsis, em setembro de 2024